JÜRGEN MLADEK

UNSER TIERPARK BUCH

DAS NEUE BERLIN

INHALT

Rasselbande und Rüssel-Mini Kosko:
Ein Wirbelsturm der Lebensfreude (1958)

Große Klappe, viel dahinter: Der Tierpark ist weltberühmt für seine erfolgreiche Pelikan-Zucht. Die Tiere sind das Aushängeschild des Parks – und Begrüßungskomitee am Schlosseingang.

Saubere Leistung: Tierparkdirektor Dathe (hier mit Waschbär) hatte schon nach zehn Jahren ein echtes Paradies erschaffen. Alle waren Feuer und Flamme – gefeiert wurde sogar auf Streichholzschachteln.

Natürlich sind Berliner Grundschüler nicht klüger als andere Kinder. Oder, vielleicht doch? Denn wo sonst können erstaunlich viele Schüler Wortungeheuer wie Przewalskipferd, Pompadourkotinga oder Ypecaha-Ralle bändigen und fehlerfrei schreiben? Zweifellos sind auch die Dackel, Pudel und Promenadenmischungen der Berliner Rentner nicht mutiger als die Vierbeiner im Rest der Republik. Aber wo sonst machen sie furchtlos Gassi, wenn gegenüber ein Löwe brüllt, und wedeln freudig mit dem Schwanz, wenn ein Elefant trompetet?

VORWORT

Wo sonst also, wenn nicht im Tierpark Berlin, einem Paradies mit eigenem U-Bahn-Anschluss, einer eigenen Schule, einem eigenen Schloss und ganz eigenen Regeln. Eine gigantische Arche Noah zwischen Plattenbauten, mit einer Fläche von 160 Hektar der größte Landschaftstiergarten Europas. Über 10000 Bewohner in rund 1000 Arten haben Besuch von inzwischen über 90 Millionen Menschen bekommen. Ein Park der Superlative mit vielen kleinen Geheimnissen, großen Attraktionen und tierischen Rekorden. Und das größte und vielleicht schönste Geschenk, das sich die Berliner jemals selbst gemacht haben. Denn Tausende freiwillige Helfer haben ihn mit aufgebaut. Sie packten an, um

Alles so schön rosa hier!
Die Flamingo-Lagune

das Leben zurück in ihre Stadt zu holen, zu einer Zeit, als die schlimmsten Kriegsfolgen mit Mühe beseitigt waren und jeder auch nur an sich selbst hätte denken können. 1955 dann die Eröffnung, und viele von denen, die damals voller Leidenschaft mitgearbeitet haben, sieht man heute noch regelmäßig im Park. Mit jedem Spaziergang werden sie für das, was sie geleistet haben, reich belohnt. Mit wundervollen Erinnerungen und aufregenden Neuerungen bleibt jeder Besuch eine spannende Expedition. Wer will, darf dabei sogar seinen Hund mitnehmen, ein Recht, das sich die fleißigen Aufbauhelfer erkämpft haben, ebenfalls einmalig für so eine Anlage. Hier hört die Tierliebe nicht an der Kasse auf. Der Tierpark Berlin ist weder Verwahranstalt noch Museum, er ist kein Sammlerhort oder Forscherlabor, wie manch andere zoologische Einrichtung. Er ist ein faszinierender Organismus, untrennbar verbunden mit der Stadt und ihren Menschen.

Wer hier die Tiere besucht, entdeckt vielleicht sogar seine eigene Menschlichkeit neu. Auf jeden Fall aber findet er einen Ort, der einen das Wunder des Lebens lehrt. Kommen Sie mit! Und wenn Sie irgendwo auf dieser Reise glauben, dass Ihnen hier ein Bär aufgebunden oder aus einer Mücke ein Elefant gemacht wird: Fahren Sie einfach selbst hin. Sie werden Freude und Freunde finden. Und jede Menge interessante Geschichten erleben.

RPARK
Berlin

Die Karawane zieht weiter … –
zur riesigen Wiese im Tierpark

WILLKOMMEN LEBEN!

Sie kamen aus allen Himmelsrichtungen, von allen Kontinenten, mit Flugzeugen, Schiffen und in riesigen Badewannen auf gewaltigen Tiefladern, manche aber auch als blinde Passagiere im Handtäschchen. Sie schlüpften aus millimeterkleinen Eiern oder purzelten als 100-Kilo-Brocken in ein weiches Strohbett. Auf unendlich vielen verschiedenen Wegen kam das Leben in den Tierpark, und schon der Anfang ist echt zum Quieken.

Alles begann nämlich mit Meerschweinchen. Noch vor der Eröffnung des Tierparks (allererster Bewohner war übrigens ein Schäferhund, der die Baustelle bewachte) ließen sie schon mal die Sau raus und sorgten für Nachwuchs – ein gutes Omen. Zugegeben, bei Meerschweinchen ist das kein großes Problem. Sie sind alle 14 bis 18 Tage empfängnisbereit und lassen dann – aber nur dann! – rund zehn Stunden lang den Meerschweinchen-Bock ran. Der ist meistens schon nach wenigen Sekunden fertig, und rund 70 Tage später gibt es dann bis zu acht Minis. Die wiegen zwar nur 60 Gramm, haben aber ein vollständiges Gebiss und gehen sofort auf Nahrungssuche. Die Mutti ist dann schon wieder bereit für neue Abenteuer. Wenn man nicht aufgepasst hätte, wäre der Tierpark also schon nach einem Jahr ein gewaltiges Königreich der Meerschweinchen gewesen, doch es kam anders.

»Ein Königreich für ein Meerschweinchen!«, sagen sich heute viele Tierparkbewohner beim Gedanken an den Speiseplan, und wegen der legendären Fruchtbarkeit der Erstbesiedler geht dieser Wunsch auch regelmäßig in Erfüllung.

Aber diese Geschichte wird erst im Kapitel »Das große Fressen« erzählt, in dem Meerschweinchen zwar eine wichtige, doch nur äußerst kurze und passive Rolle spielen. Da beißt die Maus keinen Faden ab, denn denen geht's genauso an den pelzigen Kragen.

Zurück also zu den glorreichen ersten Tagen, als die Meerschweinchen kein Schlangen-Imbiss, sondern Futter für die Presse waren. Die trommelte nämlich mächtig dafür, dass die Berliner den noch leeren Tierpark füllen sollten und feierte die ersten Geld- und Tierspenden, wozu auch die Meerschweinchen gehörten.

Die Meerschweinchen-Episode wurde für Tierpark-Direktor Dathe zu einem der peinlichsten Momente seiner großen wissenschaftlichen Karriere. Humorvoll wie er war, hatte er eine augenzwinkernde Pressemeldung über den ersten »Zuchterfolg« geschrieben – es sollte

BERLINER TIERPARK
Bln.-Friedrichsfelde
Schloßstr. 1

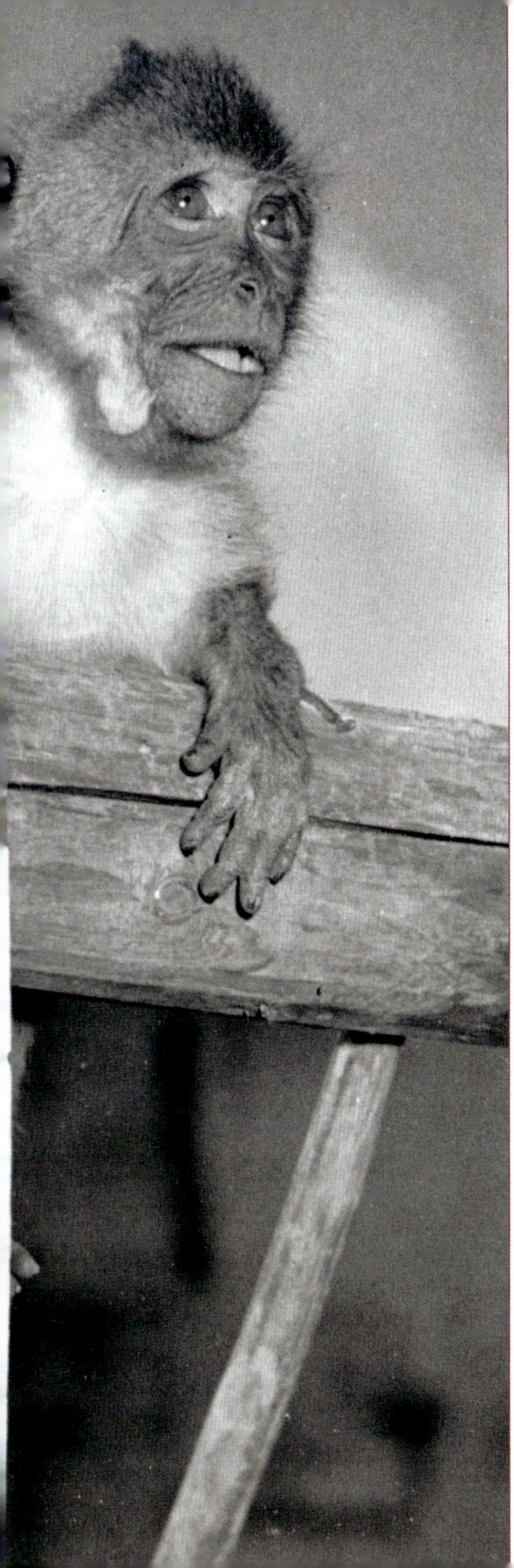

eine Geschichte zum Schmunzeln werden. Leider ging diese Meldung aber zuerst an den Magistrat der Stadt, dort wurde jeder Humor aus dem Text herausgestrichen und eine großspurige Erfolgsmeldung aus dem Nachwuchs gemacht, was in Ost-Berlin dann auch promt gedruckt wurde. Die West-Presse überschlug sich in den nächsten Tagen vor Häme und goss Hohn und Spott über den noch nicht eröffneten Tierpark. Professor Dathe setzte daraufhin durch, dass seine Meldungen nicht mehr von Bürokraten verhunzt werden durften.

Der Begeisterung der meisten Berliner für ihren Tierpark tat diese Episode keinen Abbruch, immer mehr Menschen und Betriebe wollten das Projekt zum Erfolg werden lassen und halfen mit Geld, Herz und Witz. So spendete der Volkseigene Betrieb »Kälte« ... einen Eisbären. Das Ministerium für Schwermaschinenbau ... natürlich einen Elefanten. Eine Fabrik für Schlafzimmermöbel schließlich bot im Scherz Holzwürmer an, die Belegschaft engagierte sich dann über viele Jahre als Pate für Störche.

Die Tradition der Tierspenden lebt bis heute, manchmal allerdings auch sehr zum Ärger des Tierparks. Aber wie soll sich eine Rentnerin auch sonst behelfen? Sie sieht, wie gut es den Tieren im Tierpark geht und dass ihre Rotwangenschildkröten zuhause, die beim Kauf gerade so groß wie ein Teelöffel waren, jetzt nicht mehr ins Terrarium passen. Beim nächsten Tierpark-Besuch ist die Handtasche dann verdächtig schwer und

Affentheater vor der Eröffnung:
Rhesusäffchen waren ausgebüxt!

Husch, husch, aus dem Körbchen!
Ein Raubkatzentransport kommt aus Leipzig an.

nach dem Besuch des Tropenhauses auf einmal leer.
Einmal wurde in der Tropenhalle des Alfred-Brehm-Hauses sogar ein ausgesetztes Zwergplumplori entdeckt, ein Halbäffchen aus dem tropischen Regenwald mit riesigen Augen, das in seiner malaysischen Heimat auch als Faulaffe bekannt ist, weil es sich so langsam bewegt. Der kleine Kerl (gerade mal 20 Zentimeter groß) ist aber gar nicht faul, sondern nur vorsichtig. Er bewegt sich in Zeitlupe, damit seine vielen Feinde nicht auf ihn aufmerksam werden. Er sieht sehr niedlich aus, aber wer ihn und seine Angewohnheiten näher kennt, denkt bald anders darüber. Der Zwergplumplori uriniert sich nämlich gerne auf die Hände, um auf diese Weise beim Klettern sein Revier zu markieren. Außerdem ist er, was bei Säugetieren sonst die Ausnahme ist, auch noch giftig. Er hat am Arm eine Drüse, deren Sekret in Kombination mit seinem Speichel eine toxische Wirkung entfaltet. Sein Berliner Halter hatte von dem stinkenden Zeug offensichtlich die Nase voll, und viele tierische Feinde schreckt dieser Geruch tatsächlich ab, aber nicht alle! In Malaysia herrscht der Aberglaube, dass das Fell des Zwergplumploris Wunden schneller heilen lässt, deshalb wird er gejagt und gehört zu den bedrohten Tierarten. Der Berliner Findling ist nun sicher.
Auch viele Vögel und Leguane finden als Schmuggelware ihren Weg in den Tierpark. Bei der jährlichen Inventur führt das dann zu seltsamen Differenzen, aber so ist das nun einmal: Das Leben findet immer einen Weg – und die Leute im Tierpark meistens auch, um die neuen Bewohner irgendwie zu integrieren.
Schmuggelware der ganz anderen Art gibt es natürlich auch: Die Zollfahnder auf Berlins Flughäfen machen immer wieder erstaunliche Entdeckungen von exotischen Tieren, die von skrupellosen Sammlern und Händlern ins Land gebracht werden. Oft handelt es sich um Exemplare streng geschützter Arten, die mehr tot als lebendig ankommen. Wo sonst, wenn nicht im Tierpark, sollten sie hochgepäppelt werden, um dann eine neue Heimat zu finden.
Das sind Ausnahmen. Aber sie zeigen doch, wie eng der Tierpark mit der Stadt verbunden ist, wie wichtig er als Rettungsinsel für in der Hauptstadt gestrandete Tiere geworden ist.
Auch mit dem Rest der Welt pflegte man vom ersten Tag an engste Verbindungen. So wurde aus den nur 400 Tieren in 90 Arten, die bei der Eröffnung am 2. Juli 1955 zu bestaunen waren, bald ein in seiner Vielfalt einmaliger Schatz. Anfangs waren es noch hauptsächlich Spenden aus der Bevölkerung und von Betrieben der DDR, aber schon bald beteiligten sich viele Länder an dem einzigartigen Berliner Projekt eines Landschaftstierparks.
Es gab Geschenke aus anderen sozialistischen Staaten, beispielsweise aus der UdSSR, aus Moskau die ersten Tiger und aus Leningrad Maralhirsche. Doch schon zu Zeiten des Eisernen Vorhangs

gab es für Tierliebe so gut wie keine Grenzen; der Tierpark war in internationale Artenschutzprogramme und enge Kooperationen mit Zoos auf der ganzen Welt eingebunden. So fanden auch Wisente aus dem Tierpark Hellabrunn in München ihren Weg nach Berlin, die zotteligen Titanen wurden trotz oder gerade wegen der deutsch-deutschen Spannungen begeistert begrüßt und fühlten sich in ihrer neuen Heimat auch pudelwohl, eine stattliche Herde wuchs heran.

Eine absolute Sensation war 1958 die Ankunft der Panda-Bärin Chi-Chi, der Tierpark spielte damit schlagartig in der Weltliga der Zoos mit, denn damals wie heute können sich nur Einrichtungen auf höchstem Niveau mit diesem extrem seltenen und schwer zu haltenden Publikumsliebling schmücken. So interessant wie der abenteuerliche Weg von Chi-Chi nach Berlin, ist auch die Entdeckungsgeschichte des Pandas, der erst drei Jahre nach seinem Berlin-Besuch zum Wappentier des WWF (World Wildlife Fund) wurde. Weil er aus dem lange abgeschotteten Reich der Mitte stammt und auch dort nur abgelegene Regionen bewohnt, gab es ihn in Europa lange Zeit nicht einmal als Mythos.

1869, im selben Jahr, als Alfred Brehm die erste Ausgabe seines legendären Buches »Illustriertes Tierleben« abschloss, fiel dem französischen Jesuitenpater und herausragenden Naturforscher Armand David am kaiserlichen Hof von China eine seltsam gemusterte, zweifarbige Felldecke auf. Sie sah so kurios aus, dass

Da standen nicht nur die Besucher Kopf: Mit Pandabärin Chi-Chi präsentierte Direktor Dathe 1958 die absolute Sensation im jungen Tierpark.

David zuerst glaubte, sie sei aus den Fellen zweier verschiedener Tiere zusammengenäht. Er fand aber keine Nahtstellen. Fasziniert machte er sich auf die Suche nach dieser völlig neuen Tierart, und schließlich konnte er in der Provinz Szetschuan ein Fell und ein Skelett davon erwerben. Lebend bekam er aber kein Exemplar zu sehen, und lange Zeit blieb der Panda für den Weißen Mann ein Rätsel, das den führenden Zoologen Europas schlaflose Nächte bereitete.
Endlich, beinahe fünfzig Jahre nach der Entdeckung durch den Jesuiten, hatte der spätere langjährige Direktor der Vogelwarte Helgoland, Hugo Weigold, während einer zweijährigen China-Expedition (1913-1915) das Glück, einen erwachsenen Großen Panda in seinem Lebensraum beobachten zu können. Es vergingen fast weitere zwanzig Jahre, bis ein lebender Panda in den Westen gelangte. Ruth Harkness, Witwe eines Amerikaners, der während einer Panda-Suchexpedition sein Leben verloren hatte, gelang es 1936, ein junges Weibchen lebend in den Zoo von New York zu bringen.
1938 gelang es dem amerikanischen Tierfänger Floyd Tangier-Smith gleich fünf Pandas lebend zu fangen und in verschiedenen Zoos der Welt zeigen. Heute käme niemand mehr auf die Idee, so seltene Exemplare aus freier Wildbahn als Kuriosität auszustellen, aber diese Episode währte auch nicht lange. Schon 1939 stellte die chinesische Regierung den Panda unter strikten Naturschutz.

Trompetest du noch
oder rüsselst du schon?

Darüber hinaus war während und nach dem Zweiten Weltkrieg das von inneren Unruhen geschüttelte China für westliche Personen praktisch unzugänglich. So kam es, dass man erst 1958 wieder etwas von dem schwarzweißen Bären aus dem Reich der Mitte hörte.

In jenem Jahr konnte der österreichische Tierhändler Heini Demmer einen Großen Panda aus dem Zoo von Peking im Tausch gegen afrikanische Antilopen erwerben und nach Europa bringen: Chi-Chi! Nach ihrem Berlin-Aufenthalt kam sie in den Zoo von London, wo dann im Laufe der sechziger Jahre versucht wurde, sie mit dem im Zoo von Moskau gepflegten männlichen Panda An-An zu verpaaren – ein weiteres Beispiel dafür, dass es für Zoologen keine ideologischen Grenzen gab. Beide besuchten sich mehrmals gegenseitig in London und Moskau. Leider war Chi-Chi aber so auf Menschen geprägt, dass sie von ihrem Partner nichts wissen wollte.

Die längste und komplizierteste Anreise in den Tierpark hatten übrigens ausgerechnet Elefanten, obwohl deren Transport naturgemäß besonders schwer ist. Die Damen »Astra« und »Frosja« aus Vietnam reisten um den ganzen Globus. 1984 gingen sie von Vietnam aus mit dem Schiff auf die Reise. Ihr Ziel war Kuba. Doch dort endlich angekommen, durften sie nicht an Land. Es gab Einfuhr-Probleme wegen der chaotischen kubanischen Bürokratie. Die Situation an Bord wurde unerträglich, die armen Tiere litten Qualen, Hilferufe gingen um

Nichts ist schöner, als auf Papa Turan herumzutigern (Familienidyll von 2005).

die Welt. Moskau reagierte zuerst, beendete die Peinlichkeit für den kleinen sozialistischen Karibik-Bruder und öffnete die Tasche für die Weiterreise und ein Gehege im Moskauer Zoo. Doch auf Dauer war dort für die Dickhäuter kein Platz. So kamen »Astra« und »Frosja« schließlich nach Berlin, wo sie sich wunderbar in die Herde integrierten.

Ebenso glücklich endete auch die dramatische Geschichte von Tiger »Turan«. Er wurde mit einem Schwesterchen 1986 als halbverhungertes Waisenbaby im russischen Ussuri-Reservat neben seiner toten Mutter entdeckt. Er hatte schon Erfrierungen, tagelang hing sein Leben an einem seidenen Faden. Mit Ersatzmilch und viel Liebe schafften es Tierschützer, sein Leben zu retten. Aus Turan wurde in Berlin ein stattliches Exemplar seiner Gattung. Er sorgte auch für prächtigen Nachwuchs.

Unfassbaren Dusel, der schließlich sogar zur Gründung einer eigenen Dynastie führte, hatte auch die Palmen-Flughündin »Alte«. Gut 50 Kilometer vor der Küste Liberias, die Besatzung des deutschen Frachtschiffs »Wismar« stöhnte unter der Gluthitze, flatterte auf einmal dieses »unbekannte Flugobjekt« heran und und musste notlanden. Die »Alte« hatte sich verflogen, na ja, sie war ganz durcheinander: schwanger! Mit Früchten päppelten die Männer an Bord die werdende Mutter auf, das Junge kam dann im Tierpark zur Welt. Wer heute die inzwischen rasant gewachsene Flughund-Kolonie so lässig im Alfred-Brehm-Haus abhängen sieht, als hätte sie nie woanders gelebt, kann die Geschichte dieser Odyssee kaum glauben.

Der Tierpark ist nicht nur letzte Rettung und Endstation für Tiere in Not. Hier fangen auch viele Geschichten an, die dann in den entlegensten Winkeln der Welt vollendet werden. Die globalen Beziehungen sind heute so intensiv, dass der Tierpark eigentlich ein eigenes Reisebüro und eine Schwerlast-Spedition brauchte. In einem normalen Jahr geht inzwischen an jedem zweiten Tag ein Tiertransport auf die Reise. Wenn das Reiseziel die freie Wildbahn ist, hat der Tierpark seine schönste und wichtigste Aufgabe erfüllt: nicht nur seltene Arten zu erhalten, sondern auch einen wesentlichen Beitrag zu ihrer Rettung in der Natur zu leisten.

Mein Lieblingsmensch! Tierparkdirektor Dathe
mit einem Orang-Utan

DER VATER DER TIERE

Mir schien ein Zoo so eine Art Gefängnis für Tiere.« So denken auch heute noch viele, die es nicht besser wissen, und der kleine Heinrich war sich seiner Sache ebenfalls ganz sicher. Deshalb hatte der Junge auch alle möglichen Traumberufe: Forscher, Reisender, Wissenschaftler, am besten alles zusammen, nur eines nicht: Zoodirektor wollte er nie und nimmer werden.

Professor Dr. Dr. Heinrich Dathe, der legendäre Gründungsdirektor des Tierparks, einer der bekanntesten Männer der DDR, der weltweit einen exzellenten Ruf genoss, ist diesem Beruf dann doch und zum großen Glück für den Tierpark »mit Haut und Haaren verfallen«. Mit einer Leidenschaft und visionären Kraft, die bis heute den Tierpark prägt und so einzigartig macht. Er wollte alles anders machen. Auch als Erwachsener und Wissenschaftler hatte er nicht vergessen, was der kleine Heinrich mit zwölf Jahren in einem Schulaufsatz geschrieben hatte: »Wenn ich reich wäre, ließe ich mir eine große Halle bauen, die von unten geheizt werden könnte, damit tropische Hitze erzeugt würde. Auch Tiere wie Schlangen, Eidechsen, Kolibri, Insekten, Faultiere, fliegende Hunde und Affen müssten die Halle beleben ... Möge Gott mir wenigstens einen Teil dieser Wünsche in Erfüllung gehen lassen ...« – und das vom Sohn eines Bürovorstehers, der 1910 in Reichenbach im Vogtland geboren worden war. Große Träume vom Leben mit den Tieren und für die Tiere. Aber erst musste Heinrich noch seine Abneigung gegen Zoos überwinden.

Das geschah in Leipzig, wohin er als 14-Jähriger mit der Familie zog. Bei Hilfsarbeiten im Zoologischen Garten merkte er schnell, dass er nicht in einem Tierknast gelandet war, sondern an einem Ort zum Lernen und Staunen, einem Hort der Tierliebe. Er hat diese Wandlung später mit für ihn sonst untypischer Euphorie beschrieben: »Was kann es Schöneres geben, als Schirmherr und Schützer zu sein vor den drohenden Gefahren moderner Zivilisation dem Bruder im anderen Kleid, dem Tier.«

Also studierte er nach dem Abitur Zoologie, in einer Kombination mit den Fächern Botanik und Geologie. Über die Doktorarbeit muss man, wenn man die Tierpark-Geschichte jetzt schon ein wenig kennt und sich an die Meerschweinchen-Affäre bei seiner Gründung erinnert, ein wenig schmunzeln. Der Titel lautete: »Über den Bau des männlichen Kopulationsorgans beim Meerschweinchen.«

Dem Chef des Leipziger Zoologischen

Bau auf, bau auf! Auch viele Frauen schwangen die Schippen.

Gartens gefielen die Arbeit und der Mann. Dathe bekam eine Assistentenstelle. 1940 wurde er dann zum stellvertretenden Zoo-Direktor, 1947 stürzte er sich nach der Rückkehr aus russischer Kriegsgefangenschaft wieder mit Feuereifer in diesen Job.

Dann kam der Tag, an dem er sich zum zweiten Mal im Leben sicher war, dass er etwas nicht werden wollte: Tierparkdirektor in Berlin. Er liebte Leipzig, und außerdem: »Ich war doch schon seit zwei Jahrzehnten auf die Nachfolge in Leipzig dressiert.«

Als sein damaliger Chef Professor Schneider im Oktober 1953 von der Nationalpreisverleihung in Berlin nach Leipzig zurückkam und die Neuigkeit verkündete, dass es bald einen Zoo im Ostteil der Hauptstadt geben solle, sah Dathe nur einen Berg von Problemen. Schon in den alten Tiergärten Halle, Dresden und Leipzig klemmte es an allen Ecken und Enden. Wie sollte da so ein völlig neues Projekt aus dem Boden gestampft werden? Völlig zu Recht befürchtete er sofort, dass er dafür in die engere Wahl rücken könnte. Das wollte er unter keinen Umständen. Er schrieb wenig schmeichelhafte Zeilen über das Berliner »Häusermeer«, die »Riesenstadt« und wie schön es im Vergleich in Leipzig doch sei. Zu seiner großen Erleichterung tat sich dann ein halbes Jahr lang nichts! Aber die Mühlen in der Hauptstadt mahlten damals auch schon langsam, im Juni 1954 wurde Dathe nach Berlin zu einer Besprechung einbestellt. »Ein Igel von außen wäre ein Samtkissen zu nennen gewesen gegenüber meiner inneren Einstellung zu den Problemen, die auf mich zukamen«, schrieb er grimmig.

Dathe (rechts) mit seinem Mitarbeiter Dr. Hans Günter

In der Sitzung wurde dann heftig über Sinn und Unsinn des Projekts diskutiert und insbesondere von Dathe die Machbarkeit generell angezweifelt. Selbst wenn es möglich wäre – mit zwei Jahren Planung und fünf Jahren Bauzeit müsse man rechnen und mit Kosten in Höhe von 20 Millionen Mark. Er wollte die Berliner Stadtväter abschrecken. Aber da kannte er den amtierenden Oberbürgermeister Waldemar Schmidt schlecht. »Das Geld liegt auf der Straße«, meinte der nur. Und dann mit einem Donnerschlag: »Am 1. Mai nächsten Jahres müssen wir eröffnen.«
Zu diesem Zeitpunkt war noch nicht einmal klar, wo der Park überhaupt entstehen sollte, und einen Leiter gab es auch noch nicht. Nun richteten sich alle Blicke auf Dathe. Ausflüchte, Entschuldigungen, Argumente – nichts half, zunächst hieß es, er solle doch wenigstens die möglichen Standorte besichtigen. Drei standen zur Auswahl: der Plänterwald, die Wuhlheide und der Schlosspark Friedrichsfelde.
Zufällig war der Schlosspark Friedrichsfelde die erste Station. Und Dathe, der so missmutig, ja beinahe schon miesepetrig in den Tag gegangen war, veränderte seine Haltung mit jedem Schritt. Der Zauber des Ortes nahm ihn gefangen, seine Augen wurden immer größer, er ließ seinen Blick schweifen. Er sah nicht nur die alten Gemäuer und den brachliegenden Park, er sah plötzlich die Zukunft. Er schrieb: »Je länger wir umhergingen, desto stiller wurden wir. Je mehr ich mich umsah, desto mehr schmolz meine Abneigung dahin.«
Dathe hatte erkannt, was auf diesem Gelände möglich war. Dass man hier alles

Vorher

Nachher

ganz anders machen könnte, ganz so, wie er es sich schon als Kind gewünscht hatte. »Am Schluss des Rundgangs war mir ganz klar: Das ist die Chance deines Lebens, hier kannst du etwas völlig Neues in Konzeption und Ausführung entstehen lassen. Diese Gelegenheit hast du nur einmal im Leben!«

Er sollte sie auf eine Weise nutzen, die auf der ganzen Welt Bewunderer, einige Neider und, zum Wohl der Tiere, sehr viele Nachahmer fand.

Es gab natürlich einen riesengroßen Berg von Schwierigkeiten, aber ein Problem beschäftigte Dathe eingangs besonders. Zumal diesem weder mit Fleiß und Ehrgeiz, noch mit Disziplin oder sogar Genie beizukommen war: »Ich bin doch Sachse, und zwar überzeugter«, vertraute Dathe später seinen Memoiren an, und wer weiß, zu welchem gemeinen Spott die Hauptstädter zu allen Zeiten und damals ganz besonders fähig waren, der kann vielleicht nachvollziehen, welche Gedanken ihn plagten. Jedes Wort – ein Witz, jeder Satz – ein Lacher. Zirkusclown statt Tierparkdirektor, oh ja, Berlin kann grausam sein zu seinen Sachsen. Und Dathe kannte sich und seine Zunge nur zu genau: »Es wäre niemals zu vertuschen gewesen.«

Wir wissen inzwischen, wie sehr sie ihm später an den Lippen hingen, in den Sendungen im Rundfunk, in den unglaublich beliebten TV-Dokumentationen. Heute lächeln wir über solche Sorgen, aber sie führten dazu, dass Dathe sich vom ersten Tag an noch mehr ins Zeug legte. Denn: »Die Berliner mit ihrem unbestechlichen Blick und ihrem treffsicheren Witz lassen sich nicht so leicht imponieren. Es musste schon bei der Eröffnung klar für jedermann – keineswegs nur für den Fachmann, für den wir ja nicht bauen – zu erkennen sein, dass wir etwas Besonderes zeigten.«

Zunächst einmal war da aber nur eine Brache und genügend Berliner, die dort auch überhaupt nichts anderes sehen wollten. Kleingärtner, die wie bei jedem größeren Berliner Bauprojekt um ihre Scholle fürchteten, aber auch Menschen, die generell dagegen waren, Geld für so einen »Luxus« auszugeben. Doch als Dathe in einer Bürgerversammlung seine Pläne vorstellte, schlug die Stimmung um. Die Kleingärtner spendeten sogar das erste Geld (für die Anschaffung von Spaten), Studenten der Hochschule für Planungsökonomie meldeten sich freiwillig für Aufbauschichten an. Sie allein leisteten 8000 Einsätze und rodeten unter anderem das mannshohe Unterholz. »Eine mörderische Arbeit«, notierte Dathe voller Bewunderung und Respekt.

Die Studenten von damals sind heute im hohen Rentenalter, sie hatten als Kinder den Krieg erfahren müssen, sie erlebten den Mauerbau und ihren Fall, die D-Mark kam und dann der Euro. Viele verloren mit der Wende ihren Beruf und ihren Status, was aber bleibt, ist das, was sie mit ihren eigenen Händen aufgebaut haben. Und selbst, wenn sie nur eine kleine Rente haben, wenn jeder Schritt

Grundsteinlegung am 30. November 1954

beschwerlich wird, leisten sich viele noch die Jahreskarte für ihren Tierpark. Man sollte daran denken, wenn man diese Veteranen auf einer der vielen Bänke im Park sitzen sieht.

Auch viele andere Berliner packten mit an, sogar die Hauptstadtverwaltung, bis heute eigentlich nur dann von unerreichter Leistungsfähigkeit, wenn es darum geht, etwas auf die lange Bank zu schieben und Einwände oder Bedenken zu formulieren, legte sich ins Zeug. Und wer dem Ganzen überhaupt nichts abgewinnen konnte, der kaufte doch wenigstens ein Los der damals gegründeten Tierparklotterie. Immerhin lockte der gewaltige Hauptgewinn von 20000 Mark der DDR.

Hilfe und Unterstützung kamen von vielen Seiten, und auch das Geld floss aus verschiedenen Quellen. Dathe, der inzwischen mit seinem Verwaltungsstab ins Schloss Friedrichsfelde umgezogen war, jubilierte über den überall herrschenden Aufbruchsgeist: »Es ist ja unglaublich, wie die Arbeitskraft steigt, wenn einem die Tätigkeit Freude macht.«

Dathe war alles andere als ein Schlossherr, er schuftete wie ein Galeeren-Sträfling. Und der Zustand des alten Gemäuers passte zu dieser Job-Beschreibung: »Was der Ofen an Wärme vermissen ließ, ersetzte er durch Ruß. Die Fenster, Doppelfenster gab es natürlich nicht, schlossen schlecht, es zog überall. Wir haben in diesen Monaten redlich gefroren und uns oft genug erkältet. Das baufällige Gemäuer knisterte in allen Fugen. Große Risse durchzogen die Räume von den Decken bis zur Diele. Jeden Morgen, wenn wir kamen, prüften wir, ob sich die Spalten erweitert hätten, nicht selten rieselte Putz von der Decke. Dann guckten wir uns krampfig lächelnd an. Wurde im Keller Holz gehackt, zitterte das ganze Gebäude, und ich musste solche Arbeiten innerhalb des Schlosses schließlich unterbinden.«

Eins war klar: Die Tiere sollten es einmal besser haben, aber da es noch keine beheizbaren Häuser für sie gab, konnten am Anfang nur Tiere bestellt werden, die sich auch in der Winterkälte wohl fühlten. Dathe kaufte aus einem Tiertransport von Moskau nach Halle zwar ein Kamel und einen Schwarzstorch, musste sie aber fürs Erste in Leipzig unterbringen.

Dathe ertrug das alles mit Gleichmut, er machte sogar eine Philosophie daraus: »Wenn ich meinen Mitarbeitern predigen wollte, dass sie mit ihren Bedürfnissen zunächst hinter den Tieren zurückstehen müssten, so hieß es schließlich, mit gutem Beispiel voranzugehen.« Dathe benutzte deshalb ausrangierte Möbel, die ihm vom Magistrat zur Verfügung gestellt wurden – und holte sich so die ersten blinden Passagiere in den noch nicht eröffneten Tierpark. Er

Tierpark-Lotterie
TIERPARK BERLIN
Lospreis 50 Cent
TIERPARK

schrieb: »Ein anderer Schrank, den wir eben herangeholt hatten, wurde gerade zerhackt, als ich wieder einmal aus der Stadt zurückkam. Er diente unerwünschten platten Tierchen als Unterkunft, für die wir keinesfalls Freigehege vorgesehen hatten.«

Ein andermal krachte unter Oberbürgermeister Schmidt ein Korbsessel zusammen. »Nein, Staat war mit uns nicht zu machen.«, resümierte Dathe die damalige Situation.

Trotzdem griff das Tierparkfieber bald überall um sich, am deutlichsten spürte man das bei den Arbeitseinsätzen des Nationalen Aufbauwerks. Diese in den frühen Fünfzigern gegründete Initiative für freiwillige, gemeinnützige Arbeitseinsätze hatte zunächst die Beseitigung der Kriegsfolgen zur Aufgabe. Als es jetzt daran ging, etwas ganz Neues zu schaffen, erlebte diese Bewegung ihre wohl größte Stunde. Ganze Familien beteiligten sich an den Aufbausonntagen, hervorragend organisiert von einem Mann, dem Heinrich Dathe sein ganzes Leben dankbar bleiben sollte: Horst Erdmann, ein Organisationstalent und Motivator ersten Ranges. Noch heute erinnern zwei Denkmäler vor dem Roten Rathaus an die Leistungen der Aufbauhelfer.

Dathe sah in all diesen Menschen aber nicht nur willkommene Helfer, er dachte schon weiter: »Meine Absicht war, dass sich jeder, der auch nur eine Schaufel Sand bewegt hatte, als Miterbauer des Tierparks fühlen sollte. Zeit seines Lebens würde er sich, so meinte ich, gern daran erinnern und – sollte unser Werk gelingen – stolz auf seine Mitwirkung sein, darüber zu seinen Freunden sprechen und später oft zu uns als Besucher kommen.«

Genauso kam es dann auch.

Zunächst allerdings gab es noch einen großen Reinfall zu verkraften: die Grundsteinlegung. Der 30. November 1954 war ein fieser Tag, von dem hinterher niemand so genau wusste, ob der Nieselregen oder die Kälte schlimmer waren. Selbst dem tapfer aufspielenden Musikkorps der Volkspolizei gelang es nicht, für frohe Stimmung zu sorgen. Das Nationale Aufbauwerk hatte zwar überall optimistische Flugblätter verteilen lassen, »Es ist soweit!«, wurde darauf jubiliert, doch anders als heute, wo die Berliner so gerne in Massen auf jede Baustelle strömen, hatte damals niemand Interesse an schlammigen Erdgruben. Die Beteiligung der Bevölkerung an der Grundsteinlegung war also mäßig. In Dathes Worten: »Sie war, um ehrlich zu sein, sogar sehr schwach, wenn man alle abrechnete, die sowieso mit uns zu tun hatten. Ich gestehe gern, dass ich enttäuscht war über diesen Auftakt unseres Unternehmens. Wenn ich an diese Zeit zurück denke, dann werde ich so richtig inne, wie skeptisch man damals in Berlin unser Unternehmen ganz allgemein beurteilte.« Die Reden waren also schnell vorgetragen, der eiskalte Sekt, auf den niemand bei diesem Wetter Appetit verspürte, mit Todesverachtung heruntergespült, der Grundstein versenkt.

Dathe und die Journalistin Karin Rohn bei Aufzeichnungen zur Kultsendung »Im Tierpark belauscht«

Später wurde dieser bei Nacht und Nebel wieder ausgegraben, weil er bei weiteren Arbeiten im Weg war. Er fand dann seinen endgültigen Platz unter einer der festen Steinbänke gleich rechts hinter dem Schlosseingang.
Nach der Grundsteinlegung sollte es mit den Arbeiten eigentlich so richtig losgehen, aber da waren noch zwei unberechenbare und mächtige Gegner: Die Laubenpieper und die Russen!
Dort, wo später die Eisbärenanlage gebaut wurde, befand sich ein Schießplatz des sowjetischen Jagdklubs mit Hundezwinger, Tontaubenstand und Munitionsbunker. Südlich vom späteren Standort des Wirtschaftshofs gab es 280 Schrebergärten. Die Laubenpieper hatten sich zwar für den Tierpark ausgesprochen, hofften in Wahrheit aber, dass die Russen nie und nimmer weichen würden, und sie selbst dann auch ihre Gärtchen behalten könnten. Viele wohnten dort sogar fest, kein Wunder bei der Wohnungsnot, die noch immer in Berlin herrschte. »Baut erst Wohnungen!«, lautete ein Schlachtruf gegen die Pläne, die vorsahen, den Tierpark über das Areal des Schlossparks hinausgehen zu lassen.
Den Verhandlungen über den »Abzug«

der Russen kam also entscheidende Bedeutung zu. Am 1. Dezember 1954 traf sich Dathe mit drei Offizieren in der sowjetischen Kommandantur in Karlshorst. Hinterher bemerkte er voller Staunen und Dankbarkeit: »Ich darf bekennen, dass ich mit mancher deutschen Stelle sehr viel länger und sehr viel bürokratischer zu verhandeln hatte als mit diesen drei Herren.« Sie wollten lediglich ein Ersatzgelände und überließen dem Tierpark ihre Anlage mit allen Liegenschaften. Und das nach nur 30 Minuten freundschaftlicher Unterhaltung. Pech für die Laubenpieper, denn jetzt gab es kein Zurück mehr. Dathe suchte allerdings auch für sie nach Ersatzgrundstücken und setzte sich dafür ein, dass großzügige Entschädigungen gezahlt wurden. Er wollte diese wichtige – und naturliebende – Bevölkerungsgruppe auf keinen Fall zu dauerhaften Tierpark-Gegnern machen.

Doch dann kam der Winter und fror erst einmal alle ehrgeizigen Pläne ein. Dathe: »Wir kamen wohl mit dem Planen, leider aber nicht mit dem Bauen voran.« Erst am 8. April 1955 konnten die Tiefbauarbeiten beginnen, die für den 1. Mai geplante Eröffnung war auf keinen Fall zu verwirklichen.

Noch einmal mobilisierte das Nationale Aufbauwerk die Bevölkerung, viele Betriebe schickten sonntags ihre Bautrupps in den Tierpark, eine Kapelle spornte die Arbeiter mit flotten Weisen an. Dathe, der die Arbeiten dirigierte, zeigte auch hier psychologisches Gespür. Er wünschte sich Musik, die »das Schachten und Schippen beschleunigte«. Getragene Melodien wurden gestrichen!

Hinter den Kulissen wurde indessen kräftig gestritten. Denn die Bauexperten und Architekten hatten häufig ganz andere Vorstellungen als Dathe. Viele hatten konventionelle Zoos vor Augen: Haus neben Haus, kleine Gehege nebeneinander. Genau das aber wollte Dathe nicht! »Meine Tiere sollten sich auf geräumigen Freisichtanlagen präsentieren, die Blicke der Besucher sollten durch Schneisen auf Tierherden fallen, ohne dass Zäune oder Gitter im Blickfeld stünden. Dem Tier ist es nämlich völlig egal, ob es hinter einem Trocken- oder Wassergraben oder Gitter steht. Der Besucher jedoch hat, besonders wenn er photographisch interessiert ist, mehr von seinen Beobachtungen, wenn sein Blick ungehindert schweifen kann.«

Die Zäune, die dennoch nötig waren, ließ er mit Farbe tarnen. »Dathegrün« nannten die Mitarbeiter bald den speziellen Farbton, der so schön mit den Bäumen im Hintergrund verschmolz.

Dathe konnte schließlich alle für seine Sichtweise begeistern, bald zogen alle an einem Strang, und es ging flott voran.

Dann schoss der Verwaltungsleiter quer – ein kleiner Karrierist, der sich kriecherisch oben überall lieb Kind machen wollte. Und so kam es schon damals zu einer »Dienstwagenaffäre«, die Dathes guten Ruf in der Bevölkerung ernsthaft gefährdete.

Sein treuer Fahrer Toboldt, mit dem er

Immer auf Achse: Dathe bei einem seiner unzähligen Gänge durch den Tierpark

zusammen in den folgenden Jahrzehnten noch rund einen halbe Million Kilometer zurücklegen sollte, erzählte Dathe, dass er auf Anweisung des Verwaltungsleiters mit dem Dienstwagen, einem dunkelroten BMW, am Wochenende Extratouren fuhr: zu Vernehmungen und Verhaftungen! Der Verwaltungsleiter wollte mit diesem Engagement offenbar bei den Oberen punkten. »Das hatte mir noch gefehlt! Wenn ich Neuling mich in Berlin bei der kritischen Bevölkerung schnell danebensetzen wollte, musste genau so etwas passieren. Bei dem geringen Autobestand wäre sehr schnell ruchbar geworden, dass der Wagen des Tierparkchefs zu absolut zoofremden Zwecken benutzt wurde.« Dabei hatte Dathe ganz bewusst alles vermieden, was ihn bei den Berlinern hätte unbeliebt machen können. Schwer fiel ihm das nicht, da er ohnehin nie dazu neigte, ein auffälliges oder extravagantes Leben zu führen. Und so verspürte er auch nicht die geringste Lust, sich oder seine Leute zu Hilfspolizisten machen zu lassen.

Der Verwaltungsleiter, der sich schon Hoffnungen machte, bald Dathes Platz einzunehmen, bekam also einen mächtigen Tritt. Erst von einem Hengst, bei dessen Besichtigung er sich wichtigtuerisch vordrängelte – Dathe notierte danach genüsslich, wie die Kniescheibe seines speziellen Freundes mit dem Huf kollidierte –, dann von Dathe selbst. Ohne großes Federlesen oder Rücksprache mit dem Magistrat, der ihm dieses Ei ins Nest gelegt hatte, warf er den Mann raus!

Wie wenig Dathe sich von Politik und Bürokraten gängeln ließ, zeigte sich auch bei der Vorbereitung der feierlichen Eröffnung, die jetzt für den 2. Juli

1955, den Beginn der großen Ferien, geplant war. Dathe schlug vor, außer den DDR-Kollegen auch noch die Direktoren der Zoos von Moskau, Prag, Sofia und Budapest einzuladen. Außerdem wollte er auch noch die westdeutschen Kollegen und die Leitung des altehrwürdigen Zoos in West-Berlin dabeihaben. Das wurde rundheraus abgelehnt. Dathe: »Also gut, dann bleibe ich auch von der Eröffnung daheim.« Die Oberen gaben nach, was Dathe nicht weiter wunderte: »Man hatte mich inzwischen immerhin so kennengelernt, dass ich weder im Positiven noch im Negativen leere Versprechungen machte.«

Mit dem Zoo in West-Berlin wurden die Kontakte übrigens so eng, dass es über einem Tieraustausch einmal fast zu einer kleinen Staatsaffäre kam. Auf dem kleinen Dienstweg wechselten jeweils ein Esel und ein Maskenschwein den Besitzer, eine Tageszeitung aus West-Berlin bekam davon Wind und titelte in großen Buchstaben: »Westesel gegen Ostschwein«. Wer die damaligen Empfindlichkeiten kennt, kann sich vorstellen, zu welch delikaten Nachfragen das auf beiden Seiten führte.

Peinlich war auch der erste große Tierausbruch noch vor der Eröffnung. Rhesusäffchen waren ausgebüxt und besiedelten die Obstbäume, und die Pfleger machten sich beim Versuch, ihnen hinterherzuklettern, selbst zum Affen. Am Ende landeten die Äffchen wieder wohlbehütet in ihrer provisorischen Unterkunft.

Auch einem Kakadu gelang die Flucht,

Staatspräsident Wilhelm Pieck (rechts) und Berlins Oberbürgermeister Ebert bei der Eröffnung

erst mit einer Wasserpistole konnte sein Freiheitsdrang gestoppt werden. Er wurde so lange nass gespritzt, bis seine Flügel zu schwer zum Fliegen waren. Nun sind diese Tiere aber extrem empfindlich gegen Erkältungen, schon ein kleiner Schnupfen kann sie umbringen. Wie also den pitschnassen Papagei wieder trocknen? Einen Fön gab es im ganzen Park nicht, das Tier landete daher bei einem echten Friseur außerhalb. Der staunte nicht schlecht, aber, wie Dathe diese Episode humorvoll festhielt: »Schon damals tat jeder Berliner gern etwas für den Tierpark!«

Dann war er endlich da, der große Tag der Eröffnung – nachdem es am Vorabend zwischen Dathe und den politisch Übereifrigen noch einmal mächtig geknallt hatte. Die ließen nämlich am Tierpark-Café große Tafeln mit politischen Losungen anbringen und verstellten damit den Blick aufs Schloss und auf die Tiere! Am anderen Morgen waren sie verschwunden, Dathes Donnerwetter hatte Wunder bewirkt. Leider grollte auch der Himmel, ein Wolkenbruch wirbelte den Festzug durcheinander. Überall waren klitschnasse Kinder, die sich als Indianer oder Chinesen verkleidet hatten und denen nun die Farbe in Strömen übers Gesicht lief. Ein schöner wilder Auftakt, und auch bei den späteren Kinderfesten des Tierparks sollte nie ein Auge trocken bleiben, und bei wundervollen Matsch-Schlachten herrschte immer ausgelassene Stimmung.

Jetzt aber war Würde gefragt, immerhin war auch Staatspräsident Wilhelm Pieck unter den Gästen, und dann platzte mitten in die Feierstunde die Lieferung einer Herde Wisente. Im Hintergrund mussten diese Giganten gebändigt werden, auf der Ehrentribüne die Großkopferten bei Laune bleiben; Dathe schwitzte Blut und Wasser, bis endlich der Rundgang durch den Tierpark beginnen konnte.

Es wurde ein Triumph. Hinter den Ehrengästen strömten 30000 Berliner in den Park, sie waren hingerissen. Diese Weite, fast wie in der freien Wildbahn. Und diese Vielfalt! Dabei waren es an diesem Tag doch nur 400 Tiere in 90 Arten.

Zunächst aber stürzten sich die Fotografen wie verrückt auf das Hauptmotiv des Tages: Staatspräsident Wilhelm Pieck mit einem Löwenjungen. Das Foto schaffte es in fast alle Zoodirektorenzimmer der sozialistischen Länder.

Der eigentliche Star des Tages aber war Heinrich Dathe. Seine Prominenz wurde so groß, sein Wort bekam so viel Gewicht, dass Ostberlins eifersüchtiger Oberbür-

Fütterung der Eröffnungsgäste

germeister Ebert die Presse allen Ernstes anwies, seinen Namen nicht mehr so oft zu drucken! Dathe verstand die Welt nicht mehr, denn ihm ging es ja nicht um seine Person, sondern nur darum, den Tierpark populär zu machen. Er schrieb: »Ich habe niemals jemanden gebeten, meinen Namen zu nennen oder zu drucken. Aber da Ebert wegen seiner Pressefeindlichkeit ohnedies verrufen war, machten sich manche Journalisten einen Spaß daraus, jetzt erst recht meinen Namen, so oft sie nur konnten, zu erwähnen. Dass das auf meinem Buckel Ausgetragene mir nicht besonders recht sein konnte, wird jeder verstehen, aber gelegentlich mochte das auch dem Tierpark dienen.«

Schließlich ließ sogar die SED-Bezirksleitung ausrichten, dass man kein Interesse an einer Art Volkstribun habe. Dathe erkannte den Ernst der Lage sofort. »Natürlich lernte ich aus solchen Vorfällen, weil ich mein in Angriff genommenes Aufbauwerk nicht gefährden wollte.« Wenn die Mächtigen so sehr fürchteten, dass die Massen die Tiere mehr liebten als die Partei, dann musste er eben auch hier den Dompteur spielen. Wenn also wieder einmal Oberbürgermeister Ebert, der immer von der Angst verfolgt wurde, nicht erkannt zu werden, im Tierpark angesagt war, hatte Dathe eine Kindergruppe von einer der benachbarten Schulen zur Hand, die den Mann jubelnd begrüßte. Auch im gedruckten »Wegweiser durch den Tierpark« durfte sich das Stadtoberhaupt auf Dathes Veranlassung immer über ein hübsches Foto von sich freuen. »Die Welt will betrogen werden«, notierte Dathe, der ganz andere Sorgen hatte, dazu.

Noch mehr Frust als die Selbstdarsteller aus der Politik sollten ihm später noch die Eiferer aus der Öko-Bewegung bereiten, die den Zoogedanken insgesamt infrage stellten. Auch sie, so diagnostizierte Dathe mit wissenschaftlicher Strenge, waren angetrieben von einer Mischung aus Eitelkeit und Selbstgefälligkeit, die zu einer »schier unerträglichen Inkompetenz führt«.

»Wir haben die Pflicht, wenn freilich auch die sehr undankbare Aufgabe, sie in ihre Grenzen zu weisen. Denn sie greifen massiv die Tiergärten an, ohne sich darüber im Klaren zu sein, dass für nicht wenige Arten gerade diese Einrichtungen die letzten Inseln ihrer Existenz sind. Mit ihren unseligen Aktivitäten schaden sie den Tieren mehr als sie nützen.« Mit berechtigtem Stolz verwies Dathe in solchen Debatten immer wieder darauf, dass durch Zoos noch keine einzige Tierart ausgerottet, wohl aber eine ganze Anzahl schon vor dem Aussterben bewahrt worden sei. Es gebe in der durch den Menschen vielerorts verwüsteten Umwelt keine Alternative: »Entweder Überleben im Zoo oder aussterben.« Daneben gebe es keine andere Einrichtung, die das Umweltverständnis so nachhaltig fördern könnte wie der Tiergarten. Und nur so könnten auf Dauer auch die Tiere in freier Wildbahn besser geschützt werden.

Dathe wurde deshalb zum unermüdlichen Prediger des Tierschutzes – vor der eigenen Haustür, wo er im Berliner Umland zahlreiche Projekte entwickelte und förderte, aber auch weltweit.
Legendär wurde er dabei mit einer Radiosendung, die an 1774 Sonntagen vom Berliner Rundfunk ausgestrahlt wurde: »Im Tierpark belauscht« mit der Moderatorin Karin Rohn wurde zur Kultsendung, als es diesen Begriff noch gar nicht gab. Der »Tierparkteletreff«, der im DDR-Fernsehen ausgestrahlt wurde, machte Dathe schließlich so bekannt wie im Westen seinen Freund Bernhard Grzimek, der den Tierpark übrigens gerne besuchte, oder Heinz Sielmann.
Dem gleichen Gedanken verpflichtet war auch die Gründung der Tierparkschule 1965. Tausende Kinder lernten hier durch hautnahe Begegnungen die Vielfalt der Lebensformen kennen und lieben, und für die Allerkleinsten wurde deshalb auch der Streichelzoo eingeführt. Gerade in einer Großstadt wie Berlin, wo die Milch scheinbar nicht von der Kuh, sondern aus einem Regal im Geschäft kommt, eine unersetzliche Erfahrungsquelle. Nur so, davon war Dathe fest überzeugt, könnte das Thema Umweltschutz eines Tages gesellschaftlich fest verankert werden.
Die Kinder aus der Tierparkschule sollten später mit dazu beitragen, dass es heute im Berliner Umland wieder Seeadler, Biber und Fischotter in freier Wildbahn gibt, ja sogar der Wolf wird wieder heimisch, und im Tierpark selbst gibt es eine Kolonie wilder Kormorane, die zu Dathes Zeiten so gut wie ausgerottet waren. Der Tierpark als Kinderstube des Umweltschutzes hat hervorragende Arbeit geleistet und bleibt dieser Tradition bis heute treu.

Man hätte also erwarten können – ja eigentlich müssen! – dass der Tierpark und sein unermüdlicher Leiter nach der politischen Wende 1989 als besonders wertvolle und erhaltenswerte Mitgift der untergegangenen DDR im neuen Deutschland einen Ehrenplatz bekommen würden. Für Zoodirektoren auf der ganzen Welt war das keine Frage. Der Tierpark mit seinem beispielhaften Konzept als Landschaftszoo, mit Zuchterfolgen, die Maßstäbe setzten, weil sie sonst nirgendwo gelungen waren, mit seinem riesigen Rückhalt in der Bevölkerung und seinem einmaligen Bildungsprogramm und schließlich mit einem Leiter, der sowohl als Wissenschaftler als auch als Pädagoge und erster Anwalt der Tiere einen herausragenden Ruf genoss: Hier konnte das wiedervereinigte Land einen Glanzpunkt setzen, der globale Ausstrahlung haben würde. Hier konnte es seine Mittel sinnvoll einsetzen, und Dathe, der einmal darüber gestöhnt hatte, dass es 13 Jahre lang keine staatlichen Investitionen für den Tierpark gegeben hatte, war trotz seiner inzwischen 79 Jahre bereit für die neue Zeit und schon dabei, viele bis dahin nicht realisierte Pläne aus der Schublade zu holen.
Doch nicht einmal er, der schon so viel

bürokratischen Stumpfsinn erlebt hatte, konnte den unberechenbaren Zerschlagungswahn der Nachwende-Zeit voraussehen.

Es war ein gewaltiger Schock, als Überlegungen bekannt wurden, den Tierpark zu schließen. Es gebe doch im Westteil den Zoo, das sei für Berlin völlig ausreichend. Aber nicht einmal dort, obwohl man sicher von der Schließung des Tierparks profitiert hätte, konnte man diesem absurden Gedanken etwas abgewinnen. Zu gut wussten die dortigen Experten um die Bedeutung des Tierparks.

Bestürzt verfolgte Dathe die quälende Debatte. Eines war klar: Solange er noch auf dem Chefsessel saß, könnte kein Politiker Hand an den Tierpark legen. Denn Dathe war wirklich eine Art Volkstribun geworden. Der Sturm der Entrüstung in der Bevölkerung wäre gewaltig gewesen.

Dathe musste also weg! Und in den Tiefen des Einigungsvertrages fanden die Juristen dann auch einen Passus, der ihnen dabei half. Personen aus der DDR, die über 60 Jahre alt waren, durften demnach nicht in den öffentlichen Dienst des vereinigten Deutschlands übernommen werden.

Man hätte Dathe zum Ehrendirektor machen können oder zum Vorsitzenden eines Beirats, ihn als Sonderberater verpflichten. Doch kurz nach seinem 80. Geburtstag im Dezember 1990 flatterte die Zwangspensionierung auf seinen Schreibtisch. Als Tierpark-Chef waren jährlich über 14000 Dokumente durch seine Hand gegangen, aber dieses war das bitterste Schriftstück, das er je zu lesen bekam.

Es war noch nicht das letzte Kapitel in diesem unwürdigen Schauspiel. Nun, da er nicht mehr im Tierpark beschäftigt war, wurde ihm auch seine Dienstwohnung im Tierpark kurzfristig gekündigt. Daran hatte man im ganzen Verwaltungschaos nach der Wende beim Kulturstadtrat, dann doch noch gedacht.

Für Dathe was dies ein letzter schwerer Schock nach all den Querelen der Vormonate. Seine Kräfte schwanden mit dramatischer Geschwindigkeit. Er, der sein ganzes Leben voller Optimismus und Schaffenskraft war, hatte erleben müssen, wie alles um ihn herum zerbrach, was so mühevoll aufgebaut worden war. Am Ende standen Verzweiflung und Trauer. Professor Dr. Dr. Heinrich Dathe starb am 6. Januar 1991. An gebrochenem Herzen, sagen viele, die ihn kannten.

Tausende kamen zu seiner Beerdigung. Viele ganz normale Berliner, die Aufbauhelfer von damals, die erschütterte Belegschaft, Tierfreunde aus Ost und West, Zoodirektoren von überall. Es war eine große Ehrung für einen einzigartigen Menschen. Und eine gewaltige Demonstration für sein Lebenswerk. Vielleicht sorgte er so noch im Tod dafür, dass der Tierpark dann doch gerettet wurde. Sein Grab befindet sich übrigens ganz in der Nähe des Tierparks, auf dem evangelischen Friedhof in Karlshorst.

Direktor Dathe an seinem 80. Geburtstag

Viele Jahre sollte es noch dauern, bis die Stadt Berlin versuchte, die Schmach vergessen zu machen, die dem Vater der Tiere angetan worden war. 2005, als das 50-jährige Bestehen des Tierparks gefeiert werden konnte, wurde offiziell des Mannes gedacht, der dieses Jubiläum erst möglich gemacht hatte. Am 7. November, dem 95. Geburtstag des ersten Tierparkdirektors, wurde gegenüber vom Bärenschaufenster feierlich ein Platz nach ihm benannt. Wer heute am U-Bahnhof Tierpark aussteigt, steht auf dem Heinrich-Dathe-Platz. Von dort führt die Dathe-Promenade dann zur Sewanstraße. Auch eine Schule trägt heute seinen Namen, das Dathe-Gymnasium in Friedrichshain, womit sein herausragender Einsatz für die Wissensvermittlung an junge Menschen gewürdigt wird. Um die Benennungen hatte es ausführliche Diskussionen gegeben. Gegner der Ehrung verwiesen darauf, dass der damals 21-jährige Heinrich Dathe im Jahr 1932 Mitglied der NSDAP war. Dathe selbst hatte aus diesem Punkt seiner Biografie nie ein Geheimnis gemacht, sein späteres Wirken ließ erkennen, wie misstrauisch ihn diese Erfahrung gegen politische Allmachtsansprüche hatte werden lassen. Historiker kamen schließlich zu der Beurteilung, dass die bloße Mitgliedschaft seiner Ehrung keinesfalls im Wege stünde.

AUF SIE MIT GEBRÜLL!

Reden wir kurz über das Leben. Im Gegensatz zum Menschen, der sich ständig Gedanken über Sinn und Zweck des Lebens macht, der die Dinge wahnsinnig verkompliziert, wissen Tiere ganz genau, was sie wollen. Sie freuen sich aufs nächste Fressen und das herrliche Herumliegen danach, sofern ihnen nicht gerade jemand ans Leben will, und das kommt im Tierpark ja erfreulich selten vor.

Tiere haben auch den ganzen Stress mit der Liebe nicht. Keine Selbstzweifel, keine schlaflosen Nächte, keine gestammelten Worte, von denen jedes wieder mal völlig falsch war. Tiere haben es da leichter, sie kümmern sich um den Arterhalt und fertig. Kein nacheheIicher Unterhalt, kein Versorgungsausgleich, keine zertrümmerten Tassen und kein »die Kommode ist von meiner Mutter, die behalte ich«. Es wirft wirklich ein seltsames Licht auf die Evolution, insbesondere die menschliche Entwicklung, dass sie als Krönung der Schöpfung den Scheidungsanwalt hervorgebracht hat.

Und dann erst die Irrwege der menschlichen Sexualität. Wer da nicht alles anders könnte, als sie will, mit jemand anders wollte, als er sollte, dann wieder: zu schnell, zu langsam, zu stupid, und dann geht's plötzlich gar nicht. Tiere haben es da besser, denn im Tierreich ist alles ganz einfach. Oder?

Wenn es so einfach wäre, hätten sie beim Institut für Zoo- und Wildtierforschung, angesiedelt beim Tierpark, nicht den Elektro-Ejakulator erfinden müssen, über den wir nur ganz kurz und nur an dieser Stelle reden werden. Seid stark, Männer!

Aber wenn ausgerechnet ein Nashorn, aus dessen gemahlenem Horn der Glaube vieler asiatischer Männer lange Jahre ein mächtiges Potenzmittel machte, den Dienst am Nashornweib verweigert, dann ist die Not so groß wie die dazugehörige Potenzprothese, in diesem Fall eine Sonde, die sich liebevoll an die Prostata des Nashorns nestelt und dort per Schwachstrom einen zärtlichen Reflex auslöst. Das Nashorn schläft dabei tief und fest, es bekommt für die Prozedur eine Betäubung, die 5000-mal stärker ist als eine Vollnarkose beim Menschen. Auf sie im Tiefschlaf! Jetzt nur noch das Sperma abfangen, unter ständiger Bewegung auf minus 196 Grad abkühlen – es hält danach bis zu 3000 Jahre – und bei Bedarf per Sonderkurier zur nächsten empfangsbereiten Dame schicken, einführen, fertig!

Wozu das Ganze?

Die Nordischen Breitmaulnashörner, um

Ein Dickhäuter wie das Nashorn liegt besonders
gerne auf der faulen Haut.

die es in diesem Beispiel geht, sind extrem selten. In Zoos auf der ganzen Welt gibt es kein Dutzend, in der freien Wildbahn auch nur noch einzelne Exemplare. Auf insgesamt 32 Tiere kamen die letzten Zählungen, und wenn sich dann die Zootiere damit begnügen, wie Bruder und Schwester zusammenzuleben, herrscht Alarmstufe Rot. Die Art ist extrem bedroht. Das Institut für Zoo- und Wildtierforschung, zu Dathes Zeiten als Forschungsinstitut am Tierpark gegründet, ist eine der wenigen Einrichtungen weltweit, die da noch helfen können. Die Forscher haben sich der Rettung bedrohter Arten verschrieben. Im Tierpark können sie studieren, was sie dann auf der ganzen Welt zum Erhalt bedrohter Wildtiere praktizieren.
Beim Nördlichen Breitmaulnashorn gab es übrigens ein Happy End. Die stolzen Berliner sorgten in Budapest für Nachwuchs, das Mädchen heißt Lulu und ist dort eine vielbestaunte Sensation. Das Verfahren und die gewonnenen Erfahrungen sollen jetzt auch auf andere bedrohte Arten übertragen werden. Nicht nur, um liebesfaulen Exemplaren auf die Sprünge zu helfen, sondern auch, um eine genetische Verarmung von Tieren zu verhindern, die in so isolierten Verbänden leben, dass gefährliche Inzucht droht.
Von Budapest zurück nach Berlin und erfreulicheren Aspekten aus dem weiten Reich der Sexualität. Denn eigentlich haben die Tiere im Tierpark damit keine Sorgen, im Gegenteil. Schon Professor Dathe beobachtete bei seinen Tieren die

Zärtliches Fühler-Gefummel: Aber Achtung, gleich kommt der Liebespfeil zum Einsatz!

sogenannte Akzeleration (früheres Eintreten der Geschlechtsreife). »Die Tiere, die wir optimal halten können, akzelerieren. Sie leben besser, da ungestörter und regelmäßiger versorgt und leiden nicht so zum Beispiel unter Parasiten.« Auch eine Entwicklung hin zur Hypersexualität konnte er beobachten. Bei den Menschen heißt das inzwischen Sex-Sucht und gilt sogar als anerkannte Krankheit, bei den Tieren gilt dieser gesteigerte Trieb als harmlos und wird damit erklärt, dass, anders als in der freien Wildbahn, erstens viel mehr Zeit für Zärtlichkeit bleibt, zweitens der Partner durch seine ständige Gegenwart für eine dauerhafte Stimulation sorgt. Ist doch schön, wenn's so gut läuft. Probleme haben dann nur die Eltern, wenn sie ihren Kindern erklären sollen, was der Elefant da gerade macht. »Ach, gar nichts«, ist die falsche Antwort, denn die 1,80 Meter lange Liebeswallung beim afrikanischen Elefanten, die fast so beweglich ist wie der Rüssel, ist ja nun wirklich alles andere als »nichts«. Wer gerne den kleinsten menschlichen Sozialverband beim Anblick tierischer Familienplanung in heikler Interaktion erleben möchte, hat dazu im Tierpark ausgiebig Gelegenheit, denn Anschauungsmaterial gibt es an jeder Ecke

Am ausgefallensten und ausdauerndsten findet Sex übrigens nicht in den Gehegen, sondern am Wegesrand statt. Und auch diese natürlichen Bewohner sollte man würdigen, besonders, da sie sich so hingebungsvoll abmühen. Willkommen im wohlig-wonnigen Liebesleben der

Alle meine Entchen ..., Höckerschwäne, Trauerschwäne, Graureiher, Gänse und Rallen schwimmen auf einem Tierparksee mit dem wachsenden Eis um die Wette.

Weinbergschnecken, das mehr noch als vom Imperativ der Arterhaltung scheinbar von der reinen Lust an der innigen Verschmelzung diktiert wird. Weinbergschnecken paaren sich nämlich ständig. Und wenn sie es machen, hören sie so schnell nicht mehr auf. Sie sind dann so sehr aus dem Häuschen, dass sie sich bis zu 24 Stunden nicht mehr einkriegen. So lange kleben sie aneinander, bis sie fast nicht mehr wissen, wer Männchen und Weibchen ist, was aber von vornherein schwierig ist. Weinbergschnecken sind nämlich Zwitter, die sich erst kurz vor der Paarung entscheiden, wer welchen Part übernimmt. Wie das abläuft, ist nur für Bio-Chemiker unheimlich spannend, der Grund allerdings ist recht einfach. Wenn die Weinbergschnecke die Sache mit der Fortpflanzung mit sich selbst ausmachen würde, gäbe es keinerlei Gen-Austausch, das wäre der direkte Weg in eine Sackgasse der Evolution. Wir könnten uns nicht darüber freuen, dass jede Schnecke ein kleines bisschen anders aussieht als die andere, und schon bei der kleinsten Veränderung ihrer Umwelt würden die Schnecken, weil sie sich mangels Vielfalt nicht anpassen können, still und leise aus der Schöpfungsgeschichte kriechen.

So ist das mit allen Tieren, auch beim Menschen: Sex dient dem Gen-Austausch und fertig! Warum er dann allerdings manchmal so kompliziert sein muss, lässt sich nur erklären wenn man bedenkt, dass die Natur eben nicht, wie früher angenommen, zu möglichst einfachen Lösungen neigt, sondern gerne alles beibehält, was irgendwann irgendwie einmal geklappt hat. Dann spielt sie damit herum, baut es hier wieder ein, feilt ein wenig daran, variiert es, variiert es noch mal, und fertig ist das geordnete Chaos, aber nur, um sich sofort wieder zu verändern. Und wir stehen staunend da und wundern uns über Weinbergschnecken und wie es die allerersten ihrer Art geschafft haben, ohne jahrelangen Unterricht der Evolution auf den Leim zu kriechen.

Unser Schneckenpaar jedenfalls hat sich geeinigt, wer wen zur Schnecke machen darf, sie schmiegen sich zärtlich aneinander, ihre »Füße« saugen sich richtig fest, zarte Fühlerchen befühlen sich, schmatzende Zärtlichkeit verbreitet sich, der ganze Tierpark hält den Atem an, und jetzt kommt's: Sie rammen dem Partner einen sogenannten Liebespfeil in die Fußmuskulatur. Er sieht aus wie ein Stilett, ist nadelspitz und hat schneidende Kanten, sieben bis elf Millimeter lang. Der Liebespfeil ist – da hat Amor wahrscheinlich die Idee geklaut – mit einem hormonellen Schleim überzogen, der die Partner-Schnecke jetzt jedenfalls so richtig auf Touren bringt und dem folgenden Gen-Austausch erst die rechte Würze gibt.

In diesem Zustand der Ekstase stört es die Schnecken auch nicht, wenn ein dritter Partner sich beim Liebesspiel die Ehre gibt, und es kann dabei so drunter und drüber gehen, dass jetzt wirklich niemand mehr weiß, wer Männchen oder Weibchen ist und am Schluss alle

Ihr da oben, wir da unten: Pinguine orientieren sich in ihrem neuen Reich.

drei Eier legen, 40 bis 60 Stück in eine Erdgrube, am Ende kriechen nach zwei Wochen 0,1 Gramm schwere Minischnecken heraus. Davon bekommen die Eltern aber nichts mehr mit, sie hängen wahrscheinlich schon wieder aneinander oder an einer anderen Schnecke. Manche tun es so oft, dass sie für den nächsten Akt noch keinen neuen Liebespfeil produzieren konnten, aber dann geht es auch ohne.

Mehr Liebe als nötig machen übrigens auch die Braunbären, das liegt aber nicht an einer überhöhten »Brummftigkeit«, sondern ist eine nackte Überlebensfrage. Das Weibchen schützt mit seiner Kuschelbereitschaft seine Jungen. Braunbär-Männchen haben – was uns die Teddy-Produzenten gerne verschweigen – nicht nur eine Vorliebe für Honig und Beeren, sondern auch dafür – Ohren zu, liebe Kinder! – fremde Braunbär-Kinder zu töten. Damit schützen sie sich selbst vor späteren Konkurrenten und verschaffen ihren eigenen Jungen einen Startvorteil. Es geht also nicht um Eifersucht, sondern ums reine Überleben. Aber die Weibchen sind nicht dumm. So einem Bären-Baby sieht man ja nicht an, wer der Vater ist, und so haben sie Sex mit möglichst vielen Männchen, dann glaubt jeder, er könnte der Vater sein. Und dem selbstzufriedenen Bären kommt überhaupt nicht in den Sinn, dass Frau Petz nur zu gerne auch noch einem anderen erlaubt, ihr auf den Pelz zu rücken, ein Procedere, welches nach etwa 30 Sekunden schon wieder vorbei ist.

Gut möglich, dass
dieser Flamingo schwul ist.

Außerordentlich ausdauernd, nahezu unermüdlich, sind die Bonobos, die kleineren Brüder und Schwestern der Schimpansen. Ihr Leben ist, nach menschlichen und allen anderen Maßstäben auch, eine einzige Orgie. Mit Partnertausch und Gruppensex, Zärtlichkeiten unter Weibchen oder auch ganz ungeniert mit sich. Die Missionarsstellung, sonst im Tierreich nicht so verbreitet, bereitet ihnen Vergnügen, und sie verstehen sich sehr gut auf Zungenküsse. Bonobos leben auf diese Weise wie eine enthemmte Hippie-Kommune in schönster Friedlichkeit zusammen, vor lauter Sex bleibt keine Zeit für Revierkämpfe oder sonstigen Streit. Alle 90 Minuten macht ein Affe deutlich mehr, als nur einen anderen zu lausen, und weil sie so gelenkig sind, kommt es dabei zu atemberaubenden Sellungen, von denen noch nicht einmal das Kamasutra berichten kann. Bonobos genießen den Sex-Bonus, den ihnen die Natur mitgab, in vollen Zügen.

Apropos kreuz und quer und jeder mit jedem. Da gibt es in der Natur manchmal auch gewaltige Irrtümer, die hier zumindest kurz erwähnt werden sollen. Von unerfahrenen und dennoch liebestollen Elefanten weiß man, dass sie in Anfällen von Einsamkeit gerne auch einmal ein Rhinozeros besteigen. Das führt zwar mangels anatomischer Eignung niemals zum Erfolg, doch kann es fürs arme Rhino der letzte Akt gewesen sein: Rückgratbruch! Zum Glück werden im Tierpark die Elefanten und Nashörner getrennt gehalten, aber glaubwürdige Tierpark-Besucher wollen schon gesehen haben, dass sehnsuchtsvolle Elefantenblicke zu den Rhinos gewandert sind. Jedem Tierchen sein Pläsierchen ...

Tödliche Liebesakte – der Klassiker sind die Gottesanbeterinnen, die ihre Männchen zum Fressen gern haben. Trifft ein todesmutiges Männchen auf ein paarungswilliges Weibchen, versucht es mit auffälligen Signalen, sie von Heißhunger auf Liebeshunger umzuprogrammieren. Diese vorsichtige Annäherung kann bis zu zwei Stunden dauern, bevor er nahe genug ist, um mit einem mutigen Satz auf ihrem Rücken zu landen. Dort ist er in Sicherheit, zumindest für die nächsten zwei bis drei Stunden, so lange der Akt eben dauert. Dann wird es lebensgefährlich, denn eine satte Gottesanbeterin kann mehr Eier legen als eine hungrige, und da nimmt die Dame auf Romantik keine Rücksicht.

Ganz andere Dramen ereignen sich mitunter auf den zahlreichen Tierparkgewässern, die von vielen Entenarten bevölkert werden. Bei der heimischen Stockente sind die Erpel richtige Ferkel. Manchmal stürzen sich ganze Trupps marodierender Männer auf ein unglückliches Weibchen. Dabei kann es so derb zugehen, dass die arme Ente, obwohl sie natürlich eine exzellente Schwimmerin ist, ertrinkt. Die Männchen drücken sie bei ihren wilden Kopulationsversuchen immer wieder unter Wasser. Das ist leider keine Ente, sondern ein schreckliches Ende.

Da flüchtet man sich doch gerne in die

ungefährlichere Monogamie. Die gibt es auch, zum Beispiel bei den Kranichen. Ganz so bequem ist sie allerdings auch nicht, denn selbst das immergleiche Weibchen will zu jeder Paarungszeit erneut umbalzt, umtanzt und somit kunstvoll verführt werden. Da können sich manche Menschen-Männer ein Beispiel nehmen.

Unter den Säugetieren sind übrigens nur drei bis fünf Prozent der Arten monogam veranlagt, dazu gehören die Gibbons und die Dachse.

Homosexuell veranlagt sind etwa drei bis fünf Prozent aller Menschen. Früher ging man davon aus, dass homosexuelle Neigungen eine rein menschliche Verirrung seien, im Tierreich gar nicht existierten und mithin im göttlichen Schöpfungsplan nicht vorgesehen seien. Als das Phänomen dann auch in Zoos beobachtet wurde, schwiegen die Verantwortlichen betreten. Erstens war ihnen das Thema prinzipiell peinlich, zweitens befürchteten sie, dass schlechte Haltungsbedingungen der Grund seien – Homosexualität als eine Folge von Knastkoller. Ebenfalls sehr peinlich für Zoomitarbeiter. Erst mit der Entwicklung modernster Beobachtungstechnik konnte man Tieren in freier Wildbahn so nahe kommen, dass es man erkannte, dass sich Homosexualität regelmäßig auch bei ihnen findet.

Bei Flamingos und Pinguinen, beide Arten im Tierpark reichlich vertreten, ist Homosexualität sogar relativ häufig. Schwule Pinguine brüten gelegent-

Pfauen-Parade im Tiefschnee.
Die Tiere laufen frei durchs Tierpark-Gelände.

lich sogar Eier aus – manchmal handelt es sich um einen adoptierten Stein, manchmal aber auch ein echtes Ei, das aus einem anderen Gelege gefallen ist. Schwule Flamingos (sind auch rosa, sie fressen schließlich auch Kleinkrebse, die ihr Gefieder einfärben), bauen gelegentlich sogar Nester. Säugetiere mit nachgewiesenen homosexuellen Neigungen gibt es im Tierpark noch mehr: Makaken, Meerschweinchen und Languren.

Haben wir jetzt eine Art und eine Vorliebe vergessen? Ja. Es gibt immer noch und mit schönstem Reproduktionserfolg den guten alten Macho! Einer, der alles dafür gibt, bei den Damen zu landen, am liebsten gleich bei allen, zumindest aber einem schnuckeligen Rudel. Und wehe, man kommt ihm dabei in die Quere. Dann krachen bei den Hirschen die Geweihe aufeinander, bei den Elefanten die Stoßzähne; beim Auerhahn, den viele nur noch aus der Bierreklame kennen, tut es – bei einem Testosteronwert, der 100-mal höher liegt als gewöhnlich – ein Gesangswettstreit und bei Bedarf ein Schnabelhieb, jeder wie er kann.

Wenn alle Schlachten geschlagen sind, geht die Plackerei aber erst richtig los. Dann steht Mann da mit seinen Weibchen, die alle nur darauf warten, dass der Superheld jetzt endlich zu wahrer Größe aufläuft und seine Supergene großzügig in Umlauf bringt. Harte Sache, besonders wenn die Damen anspruchsvoll sind. Ein Löwenpascha muss beispielsweise in der heißen Phase 40-mal am Tag ran – zwar immer nur ein paar Sekunden, doch mehrere Tage in Folge. Da kommt es schon vor, dass ein Löwe bei einer Löwin über 300-mal den König der Tiere machen muss. Dabei wird übrigens auch noch von ihm erwartet, dass er jedes Mal diesen charakteristischen grollenden Ruf bringt. Schon Plinius der Ältere, ein römischer Geschichtsschreiber, der es manchmal mit der Wahrheit nicht zu genau nahm, hier aber völlig richtig lag, wusste es nur zu gut: »In der Brunst ist die Löwin sehr geil!« Und weil die Sache bei dieser Häufigkeit sonst nie und nimmer ein gutes Ende nehmen könnte, deutet der Löwe den bei Katzen üblichen Nackenbiss als Krönung des königlichen Vergnügens auch nur an. Am Ende ist er so erschöpft, dass er 20 Stunden am Stück pennt. Aber das nächste Weibchen wartet schon …

Löwinnen sind übrigens außerordentlich fruchtbar, deshalb gibt es für sie in der Zoohaltung gelegentlich die Antibabypille.

Männchen, die andere Qualitäten als Größe und Stärke besitzen, profitieren von dem Arrangement mit einem Harem gar nicht. Herzensbildung zählt nicht, Romantiker fallen durch den Rost. Selbst der stolze Gewinner wird eines Tages unweigerlich vom Thron gestoßen.

Toll ist ein Harem dann, wenn man ihn ganz ohne Konkurrenz für sich allein hat – wie meistens im Tierpark, denn wohin sollte ein besiegter Nebenbuhler flüchten? Als Pascha hätte man ja keine ruhige Minute mehr, es sei denn man führte den Kampf um die Damen auf

Leben und Tod. So leben Harems-Bosse im Tierpark in entspannter Majestät und genießen die Vorzüge ihrer Exklusivität. Nun gibt es im Tierreich auch außerordentlich wählerische Damen, die sich nicht mit jedem dahergelaufenen Super-Macho zufrieden geben. Sex? Ja, schon, warum nicht. Gerade dann, wenn man nur selten ein Männchen trifft. Junge? Nicht so schnell. Vielleicht kreuzt irgendwann ja noch ein besserer potenzieller Vater auf. Ein knifflige Situation, aber nicht unlösbar. »Seid klug wie die Schlangen«, so steht es in der Bibel, und die Schlangen haben tatsächlich einen evolutionären Kniff bis zur Perfektion weiterentwickelt. Bei ihnen findet der Wettstreit der Männchen um die Eizelle nämlich im weiblichen Körper statt. Schlangenweibchen speichern einfach das Sperma ihrer wechselnden Liebhaber – bis zu sieben Jahren, um dann zu einem Zeitpunkt, der ihnen für Nachkommen genehm ist, ein spannendes Wettschwimmen zur Eizelle zu veranstalten. Möge das schnellste Spermium gewinnen. Das sieht man den Tierpark-Schlangen gar nicht an, so faul wie sie die meiste Zeit daliegen. Doch wie gesagt: Der Wettkampf findet im Körper statt.

Im weiten Tierreich gibt es auch noch die beim Menschen vom Aussterben bedrohte Gattung des echten Gentleman – und zwar in absoluter Reinkultur. Salamander und Skorpione nämlich, sie ersparen ihren Weibchen die Kopulation und legen ihnen einfach respektvoll ein Samenpaket vor die Füße. Wenn der edle Spender Gnade vor den Augen der so Beschenkten findet, kommt sie angekrabbelt und saugt das Samenpaket einfach ein.

Praktischer geht's kaum, und wer einmal gesehen hat, wie schwer sich zum Beispiel eine Schildkröte mit der Besteigung seiner Herzensdame tut, kann sich nur wundern, dass dieses Vorbild nicht viel öfter Schule gemacht hat. Arme Schildkröte also, denn nicht nur das Hochwuchten des Panzers scheint eine gewaltige Anstrengung zu sein, sondern auch der Einsatz des leicht gespaltenen Penis. Jeder Beckenstoß wird von der sonst so stummen Schildkröte von einem gequälten Stöhnen begleitet.

Es gibt also viele Wege zum Ziel, manche verschlungen und immer noch voller Rätsel, manche von brachialer Direktheit, aber egal, wer es wie macht, im Tierpark freut man sich über jeden Akt: Alles richtig gemacht! Denn nur, wenn die Haltungsbedingungen stimmen, kann die Natur ihren Lauf nehmen. Danach wird es dann noch einmal richtig spannend: Kommt bei dem großen Wunder auch was Kleines heraus?

Kleiner Dickkopf

MINIS SIND DIE GRÖSSTEN

Der Tierpark als moderne Arche Noah – wenn es da mit dem Nachwuchs nicht klappt, könnte er auch bald als Geisterschiff enden. Und einen Beitrag zum Arterhalt will und soll er auch leisten, ansonsten wäre bei vielen Tierarten die Haltung in Gefangenschaft kaum zu rechtfertigen.

Zum Glück ist es im Tierpark schon von Anfang an gelungen, dem Leben auf die Sprünge zu helfen. Mal musste man zwar mühsam nachhelfen, dann wieder nur einfach geduldig warten, das Futter umstellen, einen feurigen Liebhaber beschaffen, die Luftfeuchtigkeit erhöhen (kein Mensch ahnt, wie leicht Eier austrocknen können), an der Temperatur drehen, das Licht dimmen, die Tiere mit schöner Pflanzendekoration in Stimmung bringen. Viele Wege, ein großes Ziel: Babies, Minis, Nachwuchs!

Der allererste Zuchterfolg waren die bereits erwähnten Meerschweinchen, aber in Zookreisen entlockte das niemandem auch nur ein desinteressiertes Grunzen. 1961 horchte man in ganz Deutschland zum ersten Mal auf. Die Neulinge in Berlin meldeten, dass ein Rosapelikan aus dem Ei geschlüpft war. Donnerwetter. Das hatte es im ganzen Land noch nie gegeben. Naja, vielleicht war dieser Erfolg nur eine Eintagsfliege. Von wegen! Im Tierpark begann man darauf mit der Zucht fast aller Pelikanarten. Es begann ein Brüten und Schlüpfen, dass es nur so seine Art hatte, und als dann 1992 zum ersten Mal weltweit ein Brillenpelikan bejubelt werden konnte, war der Tierpark endgültig im Olymp der Pelikanzüchter angekommen. Für die Besucher gehören die freilaufenden Pelikane auf den Wiesen vor dem Schloss inzwischen schon zum festen Inventar. Es gibt kaum ein Berliner Kind, das nicht schon mit einem fotografiert wurde.

Spektakulären Bärennachwuchs wie im Falle des Eisbären Knut gab es im Tierpark übrigens schon 1961. Damals wurde, wieder einmal zum ersten Mal in Deutschland und auch weltweit eine Rarität, ein Malaienbär geboren. Sieben Wochen ging alles gut, Mutter »Tschita« kümmerte sich liebevoll um den kleinen Brummer. Bei jedem Nachwuchs stellt sich die bange Frage, ob ein in Gefangenschaft lebendes Tier noch über seine natürlichen Mutterinstinkte verfügt. Dann, es war an Pfingsten und Professor Dathe genoss einen seiner seltenen freien Tage, ereignete sich das Drama: Tschita warf ihr Junges im Gehege herum, ließ es fallen und schleuderte es sogar gegen die Wand. Entsetzte Pfleger gingen sofort dazwischen und nahmen es ihr weg. Der

Einer muss immer aus der Reihe tanzen!

Schlafwagen: Ein Pfleger bringt die Papageien
in ihr Nachtlager.

Ihh-Ahh, wir sind ein Kunstwerk!

Kleine schrie jämmerlich. Ratlosigkeit machte sich breit, und dann klingelte das Telefon bei Professor Dathe.

»Feiertage haben es bei uns Zooleuten meistens in sich, denn immer dann passiert etwas«, notierte er. »Die Geburt war schon tumultuarisch gewesen, denn sie hatte unverhofft, sozusagen mitten im Besucherstrom, stattgefunden.« Die Presse war damals begeistert, die Berliner sowieso, aber was jetzt folgen sollte, übertraf alles.

Der Reihe nach: Dathe ließ zunächst ein Kistchen mit Heu besorgen, ein Leinentuch wurde darauf gedeckt, und unter das Heu kam ein Heizkissen aus den Privatbeständen Dathes. Die Tierküche besorgte derweil eine Kindermilchflasche und alle möglichen Arten von Nuckeln und Babynahrung. Man hatte keinerlei Erfahrung mit solchen Dingen. Dathes Frau versuchte dann, dem kleinen Bären das Fläschchen zu geben, aber egal, welchen Nuckel, welche Streicheleinheiten und beruhigenden Worte sie wählte: Der kleine Bär brüllte und schob mit seiner langen Zunge alles aus seinem Maul heraus.

Es wurde Abend, es wurde Nacht, der kleine Schreihals wurde ins Dathesche Ehebett gebracht. Und dann zeigte es sich, wie wichtig es ist, dass im Tierpark auch Kleinigkeiten beobachtet und registriert werden. Hatte die Bärin dem Kleinen nicht das Bäuchlein mit der Zunge massiert? Das musste man vielleicht mal probieren. »Aber zum Lecken konnte sich freilich niemand entschließen«,

Da machten alle lange Hälse:
Giraffentransport über die heutige Karl-Marx-Allee

Minifant Kosko berüsselt Menschenkinder.

bekennt Dathe in seinen Erinnerungen. Deshalb ersetzte er die Bärenzunge durch eine weiche Bürste. Während seine Frau also im Bett lag, das schwarze Bärenbaby im Arm, und ihm immer wieder das Fläschchen anbot, bürstete Dathe hingebungsvoll den Bauch des Teddys. Dann trank das Bärchen um 2.30 Uhr morgens die ersten 60 Gramm, um gleich darauf einzuschlafen. Alle zwei Stunden meldete sich danach der Hunger in Form von kleinen Bärenschreien. Und als am nächsten Morgen am anderen Ende des Bären ein kleines Wässerchen erschien, kannte das Glück der Bäreneltern keine Grenzen mehr. Dathe: »So sehnsüchtig habe ich mein Lebtag nicht auf ein Pfützchen gewartet.«

Wenig später erschienen dann auch festere Verdauungsprodukte. Alles in Ordnung mit dem kleinen Bären, und so konnte die Aufzucht von »Evi«, die sich als Bärin herausstellte, beginnen. Die Dathes entwickelten sich dabei zu hingebungsvollen Ersatzeltern, deren geordnete Haushaltsführung erheblich in Mitleidenschaft gezogen wurde, denn der Spiel- und Entdeckungstrieb eines

Direktor Dathe mit Mini-Tiger

Bärenkindes kennt keine Grenzen. Aber unter solchen Umständen werden sogar das zerdepperte Erbgeschirr und die zerfetzten Lieblingskleider gern in Kauf genommen. Die Malaienbärin – man nennt die Tiere wegen ihres hellen Brustflecks auch Sonnenbären – war jedenfalls der Sonnenschein der Familie, und jeder neue Fortschritt wurde von den Berlinern begeistert verfolgt. Der erste Apfel, die unvergesslichen Badeorgien in der Datheschen Badewanne, das herzzerreißende Jammern, sobald Frau Dathe auch nur das Zimmer verließ – das Bärenkind hielt das ganze Haus auf Trab. Und wurde jeden Tag süßer und schwerer. So wuchs Evi zu einer stattlichen Bärendame heran und wurde zum Star in der wunderschönen Freianlage des Tierparks. Dank hingebungsvoller Pflege in ihrer frühesten Kindheit und der optimalen Haltungsbedingungen im Park erreichte sie das für Malaienbären unglaubliche Alter von 35 Jahren – ein Methusalem-Rekord, der zuvor bei 31 Jahren gelegen hatte. Nach Evi kamen im Tierpark übrigens noch 46 weitere Malaienbären auf die Welt.

Atemlos verfolgten die Berliner – ganz besonders die Kinder – die Ereignisse rund um die erste Giraffengeburt. Das Elternpaar kam schon 1960 nach Berlin, die kleinen Leser der Kinderzeitschrift »Bummi« hatten in einer beispiellosen Sammelaktion dafür Groschen um Groschen von ihrem Taschengeld abgezwackt oder den Eltern abgebettelt. 20000 Mark kamen zusammen, die Ankunft der Giraffen in Berlin und der Transport zum Tierpark über die Karl-Marx-Allee (damals noch Stalinallee) war ein riesiges Spektakel.

Dann passierte jahrelang erst einmal nichts. Zu dumm, wenn ausgerechnet ein Giraffenpaar sich einfach nicht um den Hals fallen will! Schließlich wurden doch entsprechende Aktivitäten verzeichnet, aber Schwangerschaft? Die dauert bei Giraffen 14 Monate, und da sieht man erst einmal lange nichts!

Die »Bummi«-Kinder waren schon in der Pubertät oder auch darüber hinaus, als dann endlich, am 10. Dezember 1968, ein Giraffenbaby seinen großen Plumps ins Leben machte. Selbstverständlich wurde es auf den Namen Bummi getauft.

Giraffen werden übrigens auch heute noch mit großem Erfolg im Tierpark gezüchtet.

Eingestellt hat man dagegen die früher ebenfalls erfolgreiche Zucht von Menschenaffen wie Schimpansen und Orang-Utans. Ihre Haltung ist so aufwendig und kompliziert, dass sich die Tierparkleitung dazu entschloss, sich lieber auf ihre Stärke als Landschaftszoo zu besinnen, als sich eine zu große Verantwortung aufzubürden und den Tieren womöglich keine optimalen Bedingungen zu bieten. Unter den Nachwende-Bedingungen ein richtiger Schritt, wenn er auch mit Blick in die Tierpark-Geschichte bedauerlich ist. Denn was hatten die Berliner nicht für einen Spaß mit ihren Menschenaffen, die damals, was man heute nicht mehr so tun würde, auch relativ vermenschlicht präsentiert wurden. Der kleine »Jacques« zum Beispiel, der 1963 geboren wurde, kam in Kinderbekleidung ganz groß heraus. Vom zoologischen Standpunkt aus bemerkenswert war auch der Nachwuchs, der sich 1966 bei den Orang-Utans einstellte – Baby Moro war ein echter Glückstreffer nicht nur in Sachen Niedlichkeit.

Zotteliges Nachwuchsglück zog 1978 in den Tierpark ein, als erstmals außerhalb ihrer Heimat in der arktischen Tundra die Zucht von Moschusochsen gelang. In ihrem großen Gehege finden sie im Tierpark optimale Bedingungen vor, denn auch in freier Wildbahn legen die gemütlichen Tiere gern mehr als zwei Kilometer pro Tag zurück. Tragisch, dass ausgerechnet diese ruhigen Gesellen für den einzigen tödlichen Unfall in der Tierparkgeschichte verantwortlich waren: Im Mai 2007 wurde eine 41-jährige Pflegerin nach 20 Dienstjahren von einem Moschusochsen gegen eine Wand gedrückt und zerquetscht.

Küsschen für den besten Freund: Direktor Dathe
und Schimpanse Jaques

Nachwuchs bei den Oryx-Antilopen.
Man sieht sogar schon winzig kleine Hörnchen.

AB IN DIE WILDNIS

Der Tierpark will mehr sein als nur Geburtsstation und sichere Heimat, mehr als nur ein Lern- und Erlebnisort. Er ist auch ein Sprungbrett für bedrohte Arten zurück in ihren natürlichen Lebensraum. Das stellt besonders hohe Anforderungen an die Haltung der dafür vorgesehenen Tiere, denn wenn sie später den Härten einer natürlichen Umwelt gewachsen sein sollen und ohne Hilfe des Menschen in der Wildnis nicht nur überleben, sondern sich auch noch bei der Partnersuche beweisen und fortpflanzen sollen, müssen die Bedingungen so naturnah wie möglich sein. Vermenschlichte Tiere haben »draußen« keine Chance! Der Tierpark mit seinen riesigen Anlagen (und seinem gewaltigen Erfahrungsschatz) bietet die besten Voraussetzungen für Auswilderungsprojekte.

Besonders erfolgreich ist sein Beitrag zur Rettung der Przewalskipferde, die in ihrer mongolischen Heimat bereits zum Aussterben verdammt waren. Es ist die einzige Unterart des Wildpferdes, die bis heute überlebt hat, und auch das nur knapp und mit Hilfe der Zoos. Das letzte frei lebende Exemplar wurde 1969 gesehen, in Zoos gab es nach dem Zweiten Weltkrieg nur noch 40 Tiere. Sie stammten alle von Tieren ab, die Carl Hagenbeck von einer Expedition in die Mongolei mitgebracht hatte.

Heute gibt es weltweit wieder über 2000 Tiere dieser Art, und erste wilde Herden bevölkern wieder die menschenleeren Steppen Chinas und der Mongolei, aber auch in Ungarn laufen erfolgreiche Auswilderungsprojekte.

Die Geschichte des Bartgeiers macht ebenfalls Hoffnung. Der mächtige Vogel mit einer Flügelspannbreite von knapp drei Metern wurde in den Alpen erbarmungslos verfolgt und vor gut 100 Jahren ausgerottet. Sein Beiname Lämmergeier führte dazu, dass man ihn für einen gnadenlosen Räuber hielt, die Alm-Bauern stellten ihm rücksichtslos nach. Erst, als es schon zu spät war, fanden Zoologen heraus, dass sich die Tiere fast ausschließlich von Aas ernähren und zwar von Knochen, die sie aus großer Höhe fallen lassen, um sie zu zerkleinern. Dieses Verhalten führte dazu, dass man ihnen nachsagte, dass sie sogar kleine Kinder in ihren Fängen wegtragen würden. Alles Unsinn, aber da war ihr Ende schon besiegelt, denn die Landesherren hatten sogar Prämien für ihre Erlegung ausgesetzt. Das allerletzte Nest wurde 1913 in den italienischen Alpen zerstört.

In den Zoos aber hatten sie überlebt. Erst 1986 begannen Versuche, die Tiere aus-

Born to be Wildpferd: Prezwalskifohlen aus dem
Tierpark werden regelmäßig ausgewildert.

Berlin
Tierpark

zuwildern. Der Tierpark unterstützte die Projekte seit Eröffnung seiner Gebirgstier-Abteilung 2003 mit über einem Dutzend Tieren.

Heute gibt es in Europa wieder mehr als 200 wildlebende Brutpaare dieser imposanten Vögel, und die Bestände steigen weiter. Überhaupt hat der Tierpark ein gutes Händchen für Greifvögel. Viel beachtete Zuchterfolge gelangen auch beim Riesenseeadler, dem Schreiadler und der beeindruckenden Harpyie, einem habichtähnlichen Greifvogel aus Mittel- und Südamerika.

Auch bei den eleganten Mhorrgazellen und den Oryxantilopen beteiligt sich der Tierpark mit großem Erfolg an internationalen Auswilderungsprogrammen.

Noch wichtiger ist es natürlich, dafür zu sorgen, dass solche komplizierten (und sehr teuren!) Programme erst gar nicht erforderlich werden. Dafür gibt es die Experten vom Institut für Zoo- und Wildtierforschung (IZW), die vom Gelände des Tierparks aus in aller Welt tätig werden. Mit dem Wissen, das sie vor der eigenen Tür geliefert bekommen und den Erfahrungen aus weltweiten Beobachtungen, die dann wieder in die Arbeit des Tierparks einfließen können, leisten die 110 Experten, die am IZW arbeiten, einen gewaltigen Beitrag zum besseren Verständnis und Erhalt zahlreicher Arten. Gegründet wurde der Vorläufer des Instituts, die Forschungsstelle für Wirbeltiere, im Jahr 1973 von Professor Dathe.

Derzeit haben die IZW-Experten eine

Reiseziel freie Wildbahn: Transporte aus dem Tierpark gehen in alle Welt.

bedrohte Spezies in Malaysia im Visier. Vom Sabah-Nashorn, einer Unterart des Sumatra-Nashorns, gibt es nur noch etwa 50 Exemplare. Das IZW startete jetzt gemeinsam mit dem Zoo Leipzig, der malaysischen Regierung und malaysischen Naturschutzorganisationen ein umfangreiches Programm zum Schutz und zur Nachzucht des imposanten Säugetiers. Der Rückgang der Population des Sabah-Nashorns ist deshalb besonders bedrohlich, weil diese Tierart als Gradmesser für ein intaktes Ökosystem gilt – in diesem Fall für den Tieflandregenwald . Geht's dem Wald dreckig, stirbt zuallererst das Nashorn. Außerdem ist es für die Wissenschaftler eine »Umbrella-Art« (engl. umbrella - Regenschirm). Unzählige andere Arten, die unter dem »ökologischen Schutzschirm« des Sabah-Nashorns leben, würden verschwinden.
Das Sabah-Nashorn ist mit nur einem Meter dreißig Schulterhöhe das kleinste Nashorn der Welt. Es lebt vor allem in den Flachlandregenwäldern des malaysischen Bundesstaates Sabah auf der Insel Borneo. Doch sein Lebensraum ist stark bedroht: Der üppige Regenwald fällt zunehmend Ölpalmplantagen zum Opfer. Dadurch wird das einzelgängerische Tier von seinen Artgenossen getrennt und kann sich nicht mehr fortpflanzen. Die malaysische Regierung hat als Sofortmaßnahme bereits damit begonnen, eine Aufzuchtstation für Sabah-Nashörner zu errichten. In dieser Station sollen sich die Tiere verpaaren. Allerdings gibt es Hinweise darauf, dass

Ich mach bu-bu, was machst du?
Käuzchen-Nachwuchs im Tierpark

Vorsicht!
Raubtiere

durch den Pestizideinsatz beim Anbau von Ölpalmen die Fruchtbarkeit der Tiere beeinträchtigt wurde. Da müssen dann wohl wieder die Berliner ran, die mit der Befruchtung von Nashörnern ja bereits einschlägige Erfahrung haben.

Mit der Nachhilfe bei der Fortpflanzung ist es natürlich nicht getan, denn das ändert nicht das Grundproblem. Das ganze Projekt soll deshalb auch dem Schutz des Tieflandregenwaldes dienen und unter Einbeziehung der Bevölkerung durchgeführt werden. Dazu soll ein lokales und internationales Informations- und Bildungsprogramm entwickelt werden. Sanfter Tourismus und die Einwerbung von Spendengeldern sollen für die Aufklärung in der Öffentlichkeit sorgen und könnten zu einer wirtschaftlichen Basis der Zuchtstation werden. Dies ist nur eines von zahlreichen Projekten, die von Berlin aus unterstützt werden. Es zeigt, wie eng vernetzt die verschiedensten Einrichtungen für den Erhalt biologischen Vielfalt arbeiten.

Bitte nicht stören! Ein Nashorn sammelt Kraft für den nächsten Zeugungsakt.

Gut geschleppt. Aber wer macht die Kiste nachher auf?

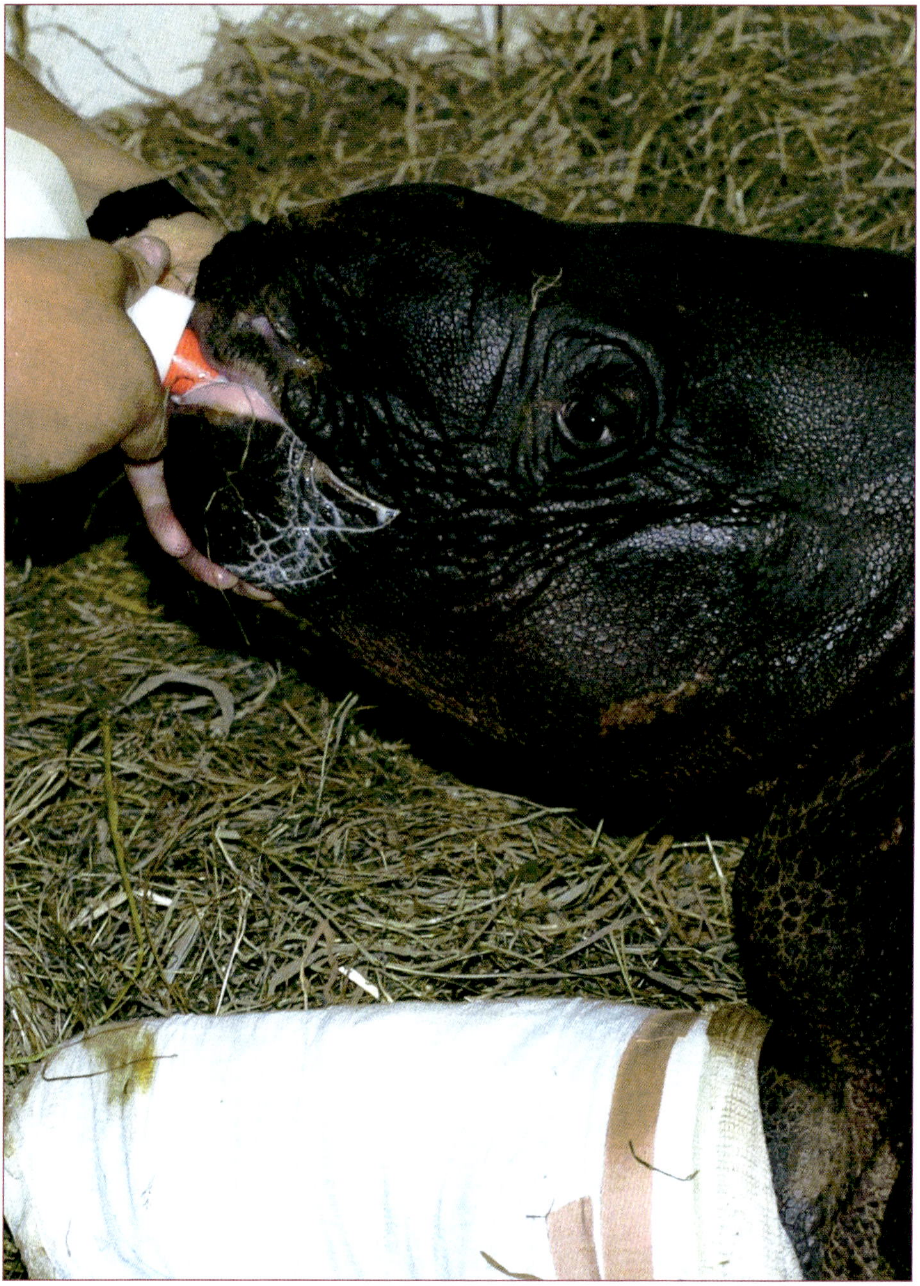

Nashornbaby Patna mit Gipsverband.
Die Mutti latschte ihr auf den Fuß!

AUTSCH!

Die Mutti! Auch für Tiere ist sie das wichtigste Wesen auf der Welt. Doch die Beziehung kann fürs Kleine (wie für alle Kinder) manchmal auch etwas belastend sein – besonders, wenn Mutti 2500 Kilogramm wiegt. Zweieinhalb Tonnen Tollpatschigkeit, da gibt es dann schnell das größte Aua der Welt. Es war ein Drama, als die Panzernashorn-Mama Betty ihrem Baby Patna (58 Kilogramm) aufs Bein latschte. Elle und Speiche waren glatt gebrochen! In der Natur warten dann die Geier, im Tierpark kommt Dr. Strauß. Und der steckt nicht den Kopf in den Sand, sondern läuft zusammen mit seinem Kollegen Dr. Pauly zur Hochform auf, wenn es irgendwo ein tierisches Wehwehchen gibt. Für viele Kinder hat Dr. Strauß einen Traumberuf, dabei ist er der Mann, der am wenigsten Dankbarkeit von den Tieren erwarten kann. Viele merken sich nämlich ganz genau, wer ihnen damals diese fiese Spritze verabreicht hat. Eine Elefantin zum Beispiel, der er Jahre zuvor eine harmlose Pockenspritze gab, schaut ihn heute immer noch warnend an, sobald er auch nur in ihre Nähe kommt.

Aber zurück zu Patna. Ein Fall für die Tierparkklinik mit eigenem Röntgenapparat, Operationssaal und einer Schwester Barbara, die sich rührend um die Patienten kümmert, die nicht mehr richtig kreuchen und fleuchen können. Patna bekam einen Gips und blieb erst einmal zur Beobachtung in der Klinik. Alle zwei Stunden gab es für den tapferen Patienten ein Fläschchen, und jeden Tag – Aua! – eine Spritze gegen Infektionen und Antibiotika-Spülungen. Und schließlich einen flotten grünen Gehgips. Dann durfte Patna zu ihrer Mama zurück, die sich danach vorbildlich verhielt und ganz genau aufpasste, wohin sie ihre Riesenfüße setzte.

Mit gebrochenen Beinen aller möglichen Arten und unterschiedlichster Längen und Breiten kennt man sich gut aus im Tierpark. Da war zum Beispiel Schneekranich Harry, der seinem Namen alle Ehre machte und ganz dumm ausrutschte. Ganz schlecht für einen Kranich, der braucht nämlich beide Beine für einen erfolgreichen Brauttanz. Bei ihm tat es eine Schiene, und das Problem war aus der Welt. Überhaupt die Kraniche, diese schlanken, eleganten Vögel – sie sind in Leichtbauweise gefertigt, damit sie ihre Langstreckenflüge meistern können. Da kann es auch schnell zu Verletzungen kommen. Kurz darauf jedenfalls musste ein Kanadakranich behandelt werden. Offener Bruch von Elle und Speiche in der Armschwinge, der arme Kerl war

völlig flügellahm. Die Fraktur musste sogar genagelt werden. Zehn Wochen später war alles verheilt.
Einsätze als Unfall-Chirurg sind aber eher die Ausnahme. Erstens sind Tiere fast durch die Bank deutlich geschickter (und vorsichtiger!) als Menschen, zweitens lässt man die etwas ungeschickteren Arten bei Eis und Schnee zur Sicherheit lieber in ihren sicheren Häusern. Genug zu tun gibt es trotzdem, denn Tiere bekommen fast alle Krankheiten, die auch dem Menschen zu schaffen machen.
Ein Elefant mit grauem Star.
Eine Tigerin mit Gebärmutterentzündung.
Ein Panther mit Bindegewebsgeschwulst.
Ein Luchs mit einem Abszess am Auge.
Alles Fälle aus einem Jahr. Nun gehen Tiere ja nicht selbst zum Arzt, ganz im Gegenteil. Von Natur aus versuchen sie in der Regel, sich eine Schwäche oder Verletzung nicht anmerken zu lassen – viel zu schnell kommt man sonst nämlich bei einem Raubtier »in Behandlung«, und danach braucht man keinen Arzt mehr. Es sind oft nur kleinste Verhaltensänderungen, eine winzige Abweichung im normalen Bewegungsablauf oder verringerter Appetit, die den Pflegern erste Hinweise darauf geben, dass irgendetwas nicht in Ordnung ist. Wenn der normale Besucher also denkt, dass ein Tierpark-Mitarbeiter da nur so herumsteht und weltvergessen vor sich hinträumt, dann läuft in dem Pfleger vielleicht gerade ein komplexes Diagnoseprogramm ab: Wo

Angst! In der Tierklinik bekommen selbst die wildesten Raubtiere weiche Knie. Dabei sind dort alle so nett!

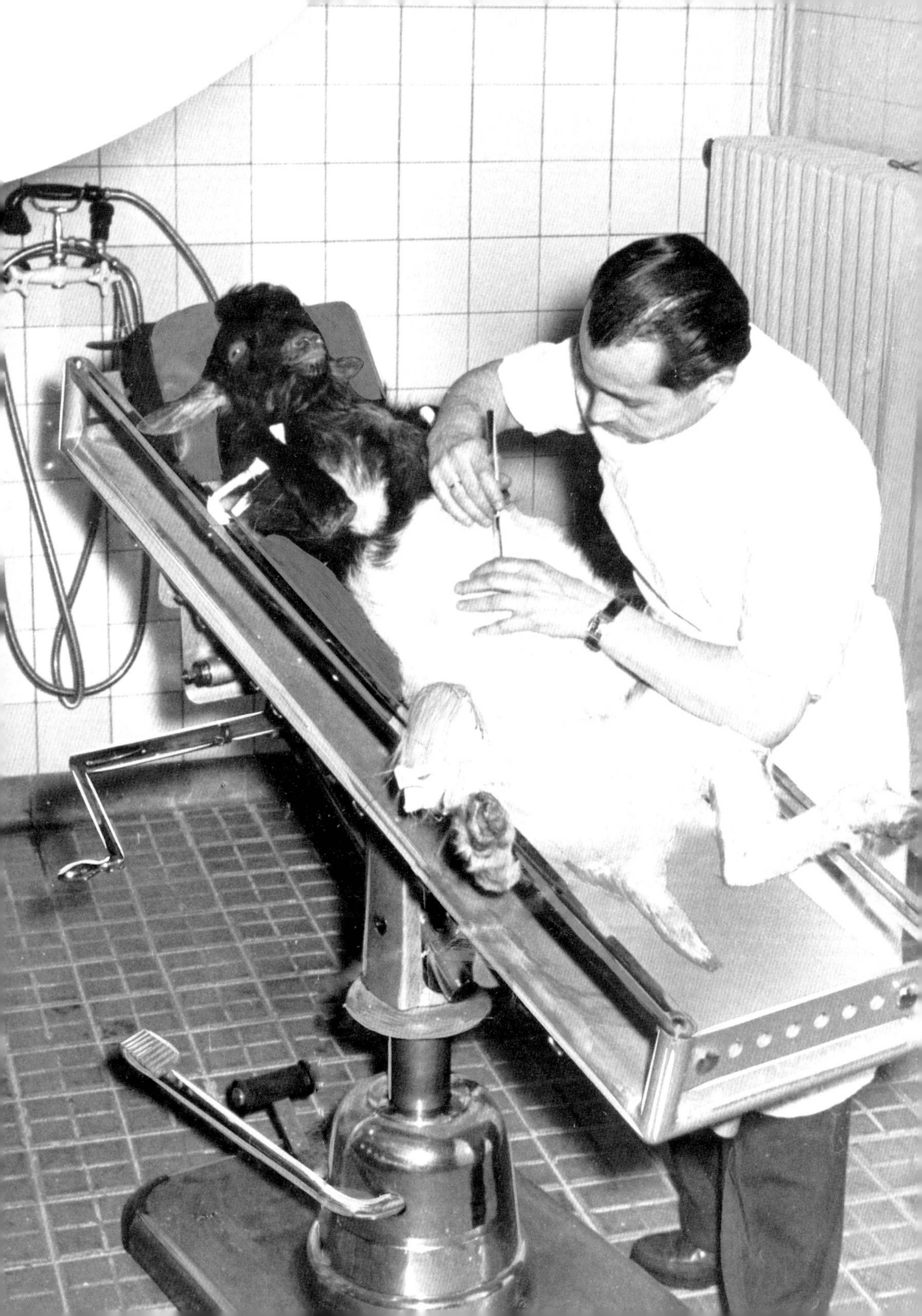

Impfen …

… und aufpäppeln

Wenn der Doktor kommt, wird nicht gemeckert!

Fisch auf den Tisch!

tut's denn weh? Was könnte die Ursache sein?
Der Löwenanteil der Arbeit der Tierärzte besteht im unablässigen Kampf gegen alle möglichen Arten von Parasiten, und da wären wir wieder an einem Punkt angelangt, wo der ehrliche Tierparkbesucher wohl denkt: Parasiten? Will ich gar nicht wissen!
Auch die Tiere, besonders die in der freien

Wildbahn, denen niemand helfen kann, wären froh, wenn es diese Plage nicht gebe. Aber sie existiert in einer quälenden Vielfalt, die nur zu oft über Leben und Tod entscheidet. Nicht nur irgendwo in Afrika, sondern auch direkt vor unserer Haustür. Die Hölle fängt am Waldrand an, und wir gehen jetzt mutig zumindest ein paar Schritte hinein.

Kennen Sie Rachendasselfliegen-Larven? Nein? Seien sie froh und freuen Sie sich, dass Sie kein Reh oder Hirsch sind. Denen spritzt eine Fliege im Vorbeifliegen ihre bereits geschlüpften winzig kleinen Larven direkt in die Nase. Von dort wandern die einen Millimeter kleinen Winzlinge in die hintere Nasenhöhle und später in den Rachenraum. Was sie noch machen? Sie wachsen. Sie vergrößern sich um mehr als das zwanzigfache, am Ende hat man den Kopf voll mit bis zu vier Zentimeter langen Larven. Die Folgen: Atemnot, Schluckbeschwerden, gelegentlich auch tödliche Lungenentzündung, wenn eine der Larven eingeatmet wird. Das Fressen wird zur Qual, und hat man die mittlerweile verpuppten Biester endlich ausgehustet (man hört dieses Husten gelegentlich in unseren Wäldern), dann schlüpfen daraus neue Fliegen. 200 verschiedene Dasselfliegen sind bekannt, eine Art befällt auch afrikanische Elefanten, aber besonders verbreitet ist die Krankheit bei uns in Europa, bei Rehen und Hirschen, bei Steinbock und Rentieren. Die gibt es alle auch im Tierpark.

Die gute Nachricht ist, dass man diese Sauerei medikamentös behandeln kann. Genauso eklig und ebenso häufig sind Hautdasselfliegen. Sie kleben ihre Eier an die Haare ihrer Wirtstiere. Die geschlüpften Larven durchbohren dann die Haut und wandern zum Rücken. Dort wachsen sie. Und wachsen. Und wachsen. Das Wirtstier bekommt dort dicke Beulen, dann bildet sich in der Haut ein Loch. Durch dieses verlassen die Larven ihren unfreiwilligen Wirt, der mit Entzündungen und Schmerzen allein zurückbleibt. Leberegel sind auch unangenehm. Sie werden beim Fressen aufgenommen, durchbohren die Darmwand und gelangen über die Bauchhöhle zur – Leber. Dort wandern sie sechs Wochen und fressen sich voll, danach entwickeln sie sich in den Gallengängen zu geschlechtsreifen Leberegeln. Sie legen Eier, die mit den normalen Ausscheidungen der Tiere ins Freie gelangen. Und so könnte das ewig weitergehen, wenn es nicht auch dafür inzwischen Medikamente gäbe.

Und ewig weitergehen könnte es auch mit der Aufzählung dieser Krankheiten, deren Namen uns schon genug erzählen: Bandwürmer, Luftröhrenwürmer, Lungenwürmer und Grabmilben. Und damit bewegen wir uns immer noch nur in den heimischen Breitengraden.

Es ist also kein Wunder, dass im Jahresbericht der Tierpark-Medizin die Befunde der parasitologischen Abteilung den breitesten Raum einnehmen. Über 3000 Kotuntersuchungen werden pro Jahr vorgenommen, um Parasiten auf die Schliche zu kommen.

Echt mutig

JE OLLER, JE DOLLER!

Die Babys, diese Süßen! Sie sind die Stars in jedem Zoo, dabei hatten ihre Eltern die ganze Arbeit. Aber der Zauber dieser wundervollen Momente, die ersten wackligen Schritte, das vorsichtige Tapsen und Rüsseln, ein ganz vorsichtiges Mini-Brüllen – es ist ja auch wirklich goldig und kein Wunder, dass die Menschen gerade dann in die Zoos strömen, wenn es Nachwuchs zu besichtigen gibt. Die Presse berichtet, das Gerangel um das beste Foto muss den Vergleich mit einem tierischen Revierkampf nicht scheuen. Maxi-Aufmerksamkeit also für die Minis, und die Pfleger, die sich so rührend um den Nachwuchs kümmern, bekommen sogar Liebesbriefe. Als im Tierpark kurz hintereinander drei Elefanten geboren wurden, trieb das die Besucherzahlen um fast 50 Prozent nach oben. Noch extremer war es beim Eisbären Knut. Als der zum ersten Mal öffentlich gezeigt wurde, legte er fast den Betrieb lahm.

Dabei gibt es auch andere Sensationen, die man jeden Tag bestaunen könnte, tierische Stars, auf die keiner achtet, obwohl auch sie wacklig auf den Beinen sind, ebenso hilflos und genauso pflegebedürftig wie die Allerkleinsten. Es sind die alten Tiere, und genauso wie Zuchterfolge sind auch sie für jeden Zoo-Experten ein Beweis dafür, dass man auf dem richtigen Weg ist. Im Tierpark mit seinen weitläufigen Anlagen sind dabei bemerkenswerte Erfolge geglückt. Die Öffentlichkeit nimmt davon kaum Notiz, Profis aber interessieren sich dafür zum Glück um so mehr. Es gibt heutzutage fast schon eine Art Wettkampf unter Zoologen: Wem gelingt es, so gute Haltungsbedingungen zu schaffen, dass seine Tiere bei guter Gesundheit besonders alt werden können.

Das war früher ganz anders. Als Zoos sich noch als eine Art Kuriositäten-Kabinett verstanden und nicht als Einrichtungen, die sich auf die Erforschung der tierischen Bedürfnisse verstanden, überlebten viele Tiere, wenn sie überhaupt den Transport überstanden hatten, nur wenige Wochen oder Monate. Schlechtes Futter, qualvolle Enge, grausame Behandlung. Dazu kam, dass das Publikum die Tiere mit allerlei Krankheiten ansteckte, und die Exkremente der Tiere im Käfig verfaulten. Eine tödliche Kombination aus Unwissenheit, Gleichgültigkeit und Verrohung. Wenn die Tiere starben, fing man eben ein neues. Es ging um schnellen Profit und den kurzen Ruhm, als erstes einen bestimmten Exoten zu zeigen. Interesse für die Lebensweise, die speziellen Ansprüche einer Art? Geopfert auf

dem Altar des Entertainment. Denn im Mittelpunkt stand nicht das Tier, sondern die Sensationslust des Publikums.
Bis in die 1970er Jahre wurden viele Tiere in der Wildnis gefangen, verschifft und dann in die Zoos gebracht, dann endete diese Form der Tierbeschaffung. 80 Staaten unterzeichneten 1973 das Washingtoner Artenschutzabkommen. Seither züchten die Tierparks ihre Tiere selbst oder tauschen untereinander. Und wer züchten will, muss gute Lebensbedingungen für seine Tiere schaffen – was wiederum eine unabdingbare Voraussetzung für ein längeres Leben ist.
Im Tierpark profitieren heute davon praktisch alle Arten. Zu einem kleinen Teil liegt das natürlich daran, dass sie hier ihren natürlichen Feinden nicht begegnen können.
Dogmatiker setzen hier mit ihrer Fundamentalkritik an und beklagen diesen »unnatürlichen« Zustand, könnte man aber die alten Tiere fragen, ob sie mit ihrer Hüft-Arthrose lieber von einem Rudel Wölfe zerrissen würden oder Extra-Streicheleinheiten vom Pfleger bekommen, dürfte die Antwort klar sein. Und selbst die gefährlichsten Räuber im Tierreich wissen es mit Sicherheit zu schätzen, dass sie bei Zahnproblemen nicht elend verhungern müssen, sondern auf ihre alten Tage in der Tierpark-Küche für Zusatzschichten am Pürrierstab sorgen. Und dann sind da noch die Ärzte. Gebrochene Beine, grauer Star oder Diabetes – die freie Wildbahn ist dann kein romantisches Tal mehr, sondern eine

Ein Winterbaum!

Hölle aus scharfen Klauen und Zähnen, bitterer Kälte, elendem Hunger und langsamem Tod. Im Tierpark droht nur der Piekser einer Spritze oder eine lebensrettende Diät, und selbst das Skalpell des Tier-Chirurgen erscheint als Alternative zu Reißzähnen durchaus reizvoll.
Aber ab wann ist ein Tier eigentlich alt? Bei den Menschen legt das eine Gesellschaft im Jugendwahn fest, und auch jeder für sich selbst. Wenn man keine Kinder mehr bekommen kann? Wenn man in Rente geht? Wenn man nicht mehr an morgen, sondern nur noch an gestern denkt? Oder wenn man lieber zum Arzt als in die Kneipe oder, noch besser, in den Tierpark geht?
Tiere altern auf jeden Fall völlig anders als die Menschen. Ihnen fallen keine Haare aus – und Federn erst recht nicht. Und die meisten sorgen bis zu ihrem Tod noch für Nachwuchs. Doch es gibt auch Ausnahmen im Tierreich – zum Beispiel Affen, Elefanten und Wale. Ihre Lebenserwartung übersteigt ihre Zeugungsfähigkeit – wahrscheinlich, weil sie für die Gruppe mit ihrer Erfahrung und ihren Kenntnissen auch im hohen Alter noch wichtig sind. Affen- und Elefanten-Tanten helfen zum Beispiel bei der Erziehung der Jungen mit. Die Krankheitssymptome alter Tiere gleichen denen alter Menschen. Und ähnlich ignorant wie viele Menschen gehen auch Tiere mit ihren alten Artgenossen um. Herdentiere beispielsweise verstoßen die Alten gnadenlos – weil die Herde nur so schnell sein kann wie das langsamste Tier. In Menschenobhut aber wartet kein Raubtier, sondern der Pfleger.
Und wenn dann das Ende wirklich naht? Wenn die Fürsorge zur Quälerei zu werden droht? Professor Dathe hat sich mit diesem Thema lange und intensiv auseinandergesetzt, seine Überlegungen dazu sind auch heute noch die Richtschnur in diesen Fragen. Er schrieb: »Als ich Assistent am Leipziger Zoo war, brachte mich bisweilen das – in meinen Augen unnütze und unverständliche – Zögern meines Chefs Professor Schneider in Wallung, wenn er zum Beispiel der Tötung eines hoffnungslos kranken Tieres nicht zustimmen wollte. Heute geht es mir nicht anders. Es ist wirklich ein ganz anderes Ding, die letzte Verantwortung für einen solchen Befehl zu haben. Denn schließlich können wir leicht viele Leben auslöschen, aber auch nicht das winzigste in Gang bringen. Dazu kommt, dass wir doch fast durch die Bank fanatische Tierliebhaber sind, denen der Verlust mancher Tierpersönlichkeit ebenso nahe gehen kann wie die Trennung von einem geschätzten Menschen.«
Wer selbst einmal ein Haustier hatte, wird das gut verstehen. Und weil es im Tierpark viele Tiere gibt, die den Pfleger ein ganzes Arbeitsleben begleiten, also über Jahrzehnte, kann man sich leicht vorstellen, wie eng die Bindungen zwischen Mensch und Tier werden können. Viele Tiere entwickeln zudem eine eigene Persönlichkeit, die im Alter durch mancherlei Schrulligkeiten und spezielle Vorlieben noch einmal die

Pack die Badehose ein, gleich geht's rein!

Beziehung bereichert und die Senioren besonders liebenswert macht. Die frühesten Mitglieder des Tierparks, die bis heute geblieben sind, werden deshalb mit besonderer Aufmerksamkeit umsorgt. Und selbst kleinste Erlebnisse mit ihnen sorgen in der Belegschaft für höchstes Interesse und viel Schmunzeln.

Es ist aber auch wirklich witzig, wenn sich zum Beispiel die Pelikan-Dame »Knicki« auf ihre alten Tage noch einmal dazu aufschwingt, sich einen deutlich jüngeren Beschützer anzulachen. Der Rosapelikan-Galan ist deutlich größer als sie selbst, was außerordentlich praktisch ist – herrlich viel Platz zum Anlehnen und Kuscheln. Über 50 Jahre ist es schon her, dass »Knicki« aus Moskau in den Tierpark nach Friedrichsfelde gebracht wurde. Wenig charmant nannten die Pfleger sie damals das »Russenweib«, aber diesen Spitznamen hat sie längst abgeschüttelt. Heute kennt sie jeder nur noch als »Knicki«, weil einer ihrer Flügel einen charakteristischen Knick aufweist. Auch der Rest ihres Gefieders lässt den Glanz und die Spannkraft der Jugend vermissen, auf einem Auge sieht sie wohl auch schon schlecht, aber immerhin hat sie sich noch einen flotten Kavalier ausgekuckt. Respekt!

Sechs von weltweit sieben Pelikan-Arten zeigt der Tierpark, aber keiner der großen Vögel hat jemals Knickis Alter erreicht. Und noch ein Rekord: Knicki hat mit über 40 Jahren noch Eier gelegt.

In freier Wildbahn erreichen die Tiere übrigens ein maximales Lebensalter von 30 Jahren. Knicki hingegen lässt sich immer noch gerne auf dem Rasen vor dem Schloss bestaunen und hat keine Scheu vor Menschen.
Einen anderen Oldie haben die Tierpark-Besucher dagegen noch nie zu Gesicht bekommen. Ein kanadischer Truthahn-Geier lebt abseits der öffentlichen Wege in einer besonderen Voliere. Auch er ist schon über 50 Jahre alt, aber immer noch – Pardon! – ein geiler Geier, der der Geierin den Hof macht. Und hol's der Geier: Gerade legte sie ihm wieder Eier! Über die Aufzucht des anstrengenden Nachwuchses ist der Senior jedoch erhaben. Die Pfleger dürfen die Jungen selbst aufpäppeln, wofür hat man schließlich seine Leute? Reicht doch, wenn man als alter Truthahngeier überhaupt noch so rumeiert, mag er sich denken. Und Recht hat er! In der Wildnis werden diese Vögel nicht einmal halb so alt. Und auch in Zoos ist derzeit kein älteres Tier bekannt. Das ist aber auch kein Wunder in einer Stadt, deren Wappentier ja gut und gern der Pleitegeier sein könnte.
Die allerbesten Voraussetzungen für ein geruhsames Rentnerdasein bringt aber ein ganz anderes Tier mit. Schon in der Jugend liegen Alligatoren so gerne im warmen Wasser, als hätten sie schon ihr ganzes Leben malocht. Und da ist so ein Wellness-Tempel wie das Krokodil-Haus im Tierpark die optimale Voraussetzung für ein gesegnetes Alter. Warme Luft, warmes Wasser, tropische Pflanzen – und ab und zu lieber Besuch von einem leckeren Hühnchen, Kaninchen oder, wenn es kein so guter Tag ist, auch mal einer Ratte. Immer läuft das gleiche automatisierte Programm ab. Sehen, töten, fressen. Also Maul auf und hereinspaziert ins Verdauungsvergnügen, das kann man als dienstältester China-Alligator ja wohl noch erwarten. Mao heißt der verwöhnte Senior, und sein Namenspatron ging schließlich im hohen Alter auch noch gerne schwimmen. Der nach dem großen Vorsitzenden benannte China-Alligator kam 1957 als Geschenk der Volksrepublik im Tierpark an, schon damals wusste niemand sein genaues Alter. Und schon damals war er etwa 1,60 Meter groß. Was dennoch ständig wächst, ist seine Eigenwilligkeit, deshalb wird er inzwischen auch allein gehalten. Er hat schlechte Erfahrungen mit der Jugend von heute gemacht – und zwar nicht mit Seinesgleichen, sondern mit dem menschlichen Nachwuchs. Der macht bisweilen, getrieben von Ungeduld, ohne Verständnis dafür, dass man den ganzen Tag nur vor sich hindöst, gerne mit Blasrohren oder Münzen Zielübungen auf den Alligator, um eine Reaktion aus ihm herauszukitzeln. Die Pfleger kennen ihre Pappenheimer zum Glück inzwischen und unterbinden solche Safaris schon im Ansatz. Prima, so kann Mao weiter auf der faulen Echsenhaut liegen. Angst muss er jetzt nur noch vorm Zahnarzt haben, denn einige Zähne sind ihm schon ausgefallen. Aber noch sind genügend übrig, um problemlos zubeißen zu können.

Drei Beispiele von vielen, denn wenn der Tierpark damit auch keine Reklame macht: Er ist nicht nur ein Senioren-Paradies à la Alligator, sondern auch für viele andere Arten. Fragen Sie doch mal die Schildkröten. Oder einen alten Löwen, über dessen zwischenzeitliche Inkontinenz wir hier aus Respekt vor dem König der Tiere selbstverständlich schweigen.

Wie sehr die Einstellung gegenüber den alternden Tieren sich geändert hat, wie Verständnis und Respekt gewachsen sind, zeigt sich heute sogar noch im Umgang mit ihrem Tod. Früher wurden tote Tiere sofort aus den Gehegen entfernt. Heute gibt man hoch entwickelten Arten, die in Sozialverbänden zusammenleben, die Gelegenheit, sich von einem toten Artgenossen zu verabschieden. Die Tiere könnten sich sonst das Verschwinden ihres Herdenmitglieds nicht erklären und würden es tagelang suchen. Jedes Tier wird dann schließlich obduziert – um weitere Erkenntnisse über Krankheiten oder Todesursache zu gewinnen.

Würde und Respekt, Ehrfurcht vor dem Leben und dem Mitgeschöpf. Wer es wagt, auch darüber und über sich selbst als ein Lebewesen nachzudenken, das irgendwann auch seinen letzten Atemzug tun wird, der kann sich im Tierpark auf die vielleicht wichtigste Entdeckungsreise begeben.

China-Alligator Mao kann auch als Senior noch kraftvoll zubeißen!

Für einen Imbiss watscheln wir meilenweit.

DAS GROSSE FRESSEN

Kommen wir zur schönsten Hauptsache der Welt, die auch allen Tierpark-Bewohnern am besten gefällt: Essen! Futtern, mampfen, schlabbern, nagen, schlingen, knabbern.
Alle Bewohner des Tierparks, egal ob sie kriechen, fliegen, krabbeln oder klettern, schwimmen, watscheln oder tauchen, traben oder einfach nur faul am Baum hängen, teilen diese Vorliebe, so unterschiedlich sie auch sonst sein mögen. Sie haben ihr Futter einfach zum Fressen gern.
Es wird täglich nicht nur frei Haus serviert, sondern meistens auch noch frisch zubereitet. Schwerstarbeit bei 10000 hungrigen Mäulern, und das ist durchaus wörtlich zu nehmen. In einem normalen Jahr werden im Tierpark eine halbe Million Kilo Heu aufgefressen, 50000 Kilogramm Kartoffeln und rund 100000 Kilo Fleisch, außerdem je 100000 Kilo Äpfel und Möhren, 20000 Stück Kopfsalat und 24000 Kilo Bananen.
In der Tierpark-Gärtnerei erntet man dazu noch jede Menge Leckereien, die den Speiseplan gehörig aufpeppen. Und auch das in riesigen Mengen. 500 Kilo Basilikum, 4000 Kilo Kürbis, 200 Kilo Liebstöckel, eineinhalb Tonnen Tomaten, 250 Kilo Bambus.
Schon satt?
Leider noch nicht alle Tiere. Denn sie sollen ja nicht nur zu faulen Feinschmeckern werden, sondern auch noch, so weit das geht, artgerecht gefüttert werden.
Reden wir also von den Mäusen. Es gibt – das schon mal vorweg – sehr viele sehr glückliche Mäuse im Tierpark. Auf der riesigen Fläche können sie nach Herzenslust nagen und graben, in vielen Gehegen finden sie frisches Korn und überall leckere Wurzeln. Es ist herrlich, an diesem Ort eine Maus zu sein. Es gibt zwar wilde Stadtfüchse, die das Gelände durchstreifen, auch vor gelegentlich umherstreifenden Dachsen sollten sich die Mäuse hüten. Und die Augen und Ohren verschließen, damit sie niemals erfahren, womit sich die Abteilung für Futtertierzucht beschäftigt.
Dort werden in einem Jahr 30000 Labormäuse geboren, rund 20000 werden dazugekauft. Mit jeder Maus wird nur ein einziger Versuch unternommen: ob sie einem anderen Tierpark-Bewohner auch gut schmeckt.
Einen ähnlich wichtigen Beitrag leisten mehrere Tausend Wanderheuschrecken für die Vögel und Reptilien im Park sowie jährlich rund 1000 Meerschwein-

chen. Die Mückenlarven, die verfüttert werden, kann man nicht zählen, es sind rund 100 Kilo pro Jahr.
Sicher wäre es vielen Menschen lieber, wenn die Schlangen und Krokodile sich in Zukunft zum Beispiel auf die 8000 Kilo Knäckebrotbruch stürzen würden, die ebenfalls in den Tierpark-Küchen landen oder die 3000 Kilo Weintrauben verschlingen würden. Aber damit ist in absehbarer Zeit nicht zu rechnen.

Staunen macht auch hungrig.

cafeteria

»Ich habe meine Geldbörse vergessen ...«

Stullen für alle!

Ich hab nichts anzuziehen …

GRÜNER WIRD'S NICHT!

Hier in Deutschland hat alles seine Ordnung, und insbesondere in Berlin geht es in manchen Bereichen noch erstaunlich preußisch zu. In der Hauptstadt werden zum Beispiel die Straßenbäume durchnummeriert und regelmäßig gezählt, es sind im Moment 421073. Auch im Tierpark wird regelmäßig Inventur gemacht, Tiere werden gewogen, gemessen und durchgezählt, Veränderungen akribisch notiert, Differenzen diskutiert, es ist ein Wahnsinn aus Überstunden und Zahlenkolonnen, es ist ein Meisterstück, im Tiergewimmel die Übersicht zu behalten, und es ist kein Wunder, dass die Tierpfleger in diesen Zeiten richtig neidisch auf die Gärtner werden. Denn die zählen nur alle fünf Jahre, und ihnen wuselt auch nicht ständig etwas davon oder will einfach nicht auf die Waage, da beißt auch niemand, der keine Lust hat, sich von Nasenspitze bis Schwanzende an ein Maßband zu kuscheln. Gärtner müsste man an solchen Tagen sein.

Die allerdings sehen das naturgemäß völlig anders, denn auch bei ihnen hört die Arbeit nie auf. Der Tierpark ist für sie in erster Linie ein Park, zwar mit ein paar Tieren dazwischen, doch immer noch und vor allem gärtnerische Anlage, das heißt: Megastress im Frühling, Hochbetrieb im Sommer, Endspurt im Herbst und im Winter Dauereinsatz in den Gewächshäusern.

Die 8671 Bäume mit einem Stammdurchmesser von über 60 Zentimetern in Brusthöhe machen da noch die wenigsten Probleme. Sie sind groß genug, um auf sich selbst aufzupassen. Man muss nur darauf achten, dass kein Besucher von einem herabfallenden Ast verletzt wird. Ein besonderes Prachtexemplar sollten die Besucher unbedingt in Augenschein nehmen. Gleich hinterm Eingang Bärenschaufenster steht eine Eiche mit einem Stammdurchmesser von gewaltigen 6,63 Metern, ein Paradies für viele heimische Vogelarten.

64 Baumarten gibt es im Tierpark, von A wie Ahorn bis Z wie Zürgelbaum. Besonders gefragt sind die Gärtner, wenn eine neue Anlage geplant wird. Denn die Pflanzen sollen zur Heimat der tierischen Bewohner passen. Ein gutes Beispiel dafür ist die asiatische Gebirgstieranlage, die 2002 fertig war und 2003 bepflanzt wurde, vorwiegend mit asiatischen Gewächsen. 81 Jungbäume, vorwiegend Himalaja-Birken, wurden gesetzt, dazu kamen über 20000 Zier- und Deckensträucher sowie knapp 3000 Gräser-, Wasser- und Staudenpflanzen. Wohlgemerkt, für eine Anlage! Wer heute dort

umherstreift, der kann nicht glauben, dass genau hier in den Nachkriegsjahren auf der Trümmerkippe Friedrichsfelde acht Millionen Tonnen Gebäudeschutt gelagert wurden. Auf den traurigen Trümmern gedeiht heute eine vielfältige Pflanzenpracht.

Um die Besucher gleich beim ersten Schritt auf einen herrlichen Tag einzustimmen, werden sie im Tierpark von einem wahren Blumenmeer begrüßt. Allein an den Eingängen und gastronomischen Einrichtungen werden Jahr für Jahr rund 30000 Frühjahrs- und Sommerblumen gepflanzt. Ein buntes Willkommen in einem herrlichen Schlosspark, der 1821 vom Gartenbau-Genie Peter Joseph Lenné umgestaltet und weitgehend erhalten wurde. Mit seinen breiten Alleen und vielfältigen Wasseranlagen bot er von vornherein exzellente Voraussetzungen für die Nutzung als Tierpark. Es ist wie ein Ausgleich für die scheußlichen Gemeinheiten, die in früheren Jahrhunderten in Schlössern häufig den Tieren angetan wurden. Die Herrschenden machten sich oft ein königliches Vergnügen daraus, in ihren Schlosshöfen Wildtiere hinzumetzeln. Hunderte gezwungene Helfer mussten dafür in den Wäldern wochenlang Hirsche und anderes Wild lebend fangen und in die Schlosshöfe treiben, damit sie dort an einem Jagdtag von den adligen Helden in aller Ruhe erlegt werden konnten. Für die Tiere gab es keinen Fluchtweg, der Tag endete erst, wenn alle tot waren. Ein Glück nur, dass das

Blick über die Weiten der Lama-Wiesen. Fußlahm darf man hier nicht sein.

Schloss Friedrichsfelde niemals in seiner Geschichte mit dieser blutrünstigen Tradition verbunden war. Es sollte mit seinem Park immer einfach nur schön sein – eine Idee, die sich bis heute erhalten hat.
Gegründet wurde das Schloss bereits 1695 als Schloss Rosenfelde, es wurde mehrmals umgebaut und erweitert, nach dem Zweiten Weltkrieg stand es zunächst leer. Eigentlich sollte es abgerissen werden, weil es, Dathe hat es ja lebendig geschildert, völlig marode war. Wegen der Ausstrahlung des Tierparks entschloss man sich 1970 aber dazu, es gründlich zu renovieren. Es wird heute für Konzerte und Veranstaltungen genutzt.
Und was wurde aus seinen ursprünglichen Bewohnern? Wer hinter dem Eingang Bärenschaufenster den Hauptweg nach rechts verlässt, erreicht das alte Familiengrab der von Treskows. Der kleine Friedhof liegt in einem Waldstück an einem Fußweg zwischen Eingang und Eisbärengehege. Auf der etwa acht mal zwölf Meter großen, eingezäunten Anlage sind 23 Personen begraben. Johann Carl Siegesmund von Treskow war der erste der Familie, der dort begraben wurde. Der Leichnam des Landrats von Niederbarnim ruht seit Oktober 1846 unter einer schweren Grabplatte. Die Familie von Treskow lebte seit 1812 im Schloss Friedrichsfelde, 1945 wurde sie enteignet. Der letzte Schlossbewohner soll in einer Schubkarre aus dem Schloss gefahren worden sein, berichtet Hermann von Treskow, ein Nachfahre. Die kleine

Mein See, mein Park, mein Schloss!

Grabstätte der Familie von Treskow

Begräbnisstätte blieb auch während der Ausbauarbeiten des Tierparks unangetastet. Nach Hermann von Treskow ist es Heinrich Dathe zu verdanken, dass das Familiengrab bis heute besteht. Dathe habe das Grab »stillschweigend« erhalten. Um keine Probleme mit der Berliner Friedhofsordnung zu bekommen, gilt die Anlage heute als Gedenkstätte.

Dathe sorgte aber nicht nur für den Erhalt der alten Gedenkstätte, sondern bereicherte die Tierparkanlagen auch mit zahlreichen Kunstwerken. Besonders eindrucksvoll ist die Statue der vier Löwen vor dem Alfred-Brehm-Haus. Sie wurde ursprünglich von den Künstlern August Gaul und August Krahl geschaffen und stand beim Kaiser-Friedrich-Nationaldenkmal gegenüber dem Berliner Stadtschloss. Das Denkmal wurde 1950 bis auf den Sockel abgetragen, die Löwen zum Glück gerettet. Zahlreiche Skulpturen – es sind insgesamt mehr als 100 – wurden eigens für den Tierpark

König der Tiere mit Schneekrone

angefertigt. Besonders markant sind die lebensgroßen Figuren »Röhrender Riesenhirsch« und »Säbelzahntiger«, beide entworfen von Erich Oehme. Niedlich und voller Dynamik sind die »Auskeilenden Eselfohlen« von Hans Steffen. Erwähnt werden sollen auch die Büsten bekannter Zoologen und Gartenarchitekten, darunter Joseph Lenné, Charles Darwin, Alfred Brehm – und Heinrich Dathe.

Und dann gibt es im Tierpark noch – weil es einfach schön ist – mehrere weibliche Akt-Skulpturen.

Die aufregendste Skulptur schafft jedoch in kalten Wintern die Natur, mit freundlicher Mithilfe einer leistungsstarken Wasserpumpe. Der Wasserfall im Eisbärengehege ist nämlich auch im Winter in Betrieb, an seinen Rändern entstehen dabei gigantische Eiszapfen. Wenn dann auch noch Schnee fällt, ist das Wintergemälde perfekt.

Alles im Rahmen

Wir haben den Tierpark noch gar nicht betreten, da beginnt schon das große Staunen. Die ersten Bären der Welt, die Schallschutzfenster spendiert bekommen haben, damit sie nicht brummig werden! Dies geschah 2007, die Anlage selbst reicht aber in die Gründungszeit des Tierparks zurück.
Dieses »Bärenschaufenster« rechts vom Haupteingang war eine der vielen neuen Ideen von Prof. Dathe. Er wollte keinen abgeschotteten Zoo, sondern öffnete mit dieser Anlage den Park nach außen, um seine Faszination für die Tiere auch mit Verhaltensweisen zeigen können. Auf Beton wurde möglichst verzichtet und dafür Naturgestein als Unter- und Hintergrund verwendet. Dabei setzen wir die Tiere bewusst vor in der Farbe kontrastierende Gesteine, also Eisbären vor schwarzgrauen nordischen Graphit oder Schwarzbären vor hellroten Porphyr. Naturstein ist zwar zunächst teurer als Beton, aber viel beständiger. Zu unseren Bauprinzipien gehört, dass wir das Tier, wenn möglich, wie auf einer Bühne präsentieren, so dass wir damit die Bauten in den Hintergrund, mehr oder weniger

EIN RUNDGANG

zufälligen Passanten zu teilen und sie so mit seiner Begeisterung anzustecken. Der Park, das wollte er damit signalisieren, ist für alle Berliner da. Ein Konzept, das weltweit häufig kopiert wurde, hier nahm es 1958 in einer beeindruckenden Felsenanlage seinen Anfang. Was Dathe nicht vorhersehen konnte, war die Entwicklung des Straßenverkehrs, deshalb gab es später den Schallschutz. Doch der Grundgedanke, der einem später im Park immer wieder begegnet, ist auch hier erkennbar. Aber lassen wir ihn selbst sprechen: »Stets sind die Gehege sozusagen in die Landschaft komponiert, damit sich die Tiere, oft im Herdenverband und mit Formen aus ihren Heimatgebieten vergesellschaftet, in ihren natürlichen abgeschirmt von Bäumen und Buschwerk, rücken. Das Publikum soll nicht vom Tier abgelenkt werden. Stets sind die Anlagen so gestaltet, dass man nicht gleichzeitig mehrere im Blickfeld hat. Jede einzelne ist entweder von Felsbarrieren oder Baumgruppen gegen die andere abgedeckt, so dass der Betrachter immer ein geschlossenes Bild vor sich hat und nicht abgelenkt wird.«
Wer mit der U-Bahn ankommt, die Treppen hinaufgeht und dann direkt vorm Bärenschaufenster ankommt, der erkennt schon hier, dass dies nicht nur hehre Vorsätze sind.
Am Haupteingang können wir für die Kinder oder den Proviant einen Bollerwagen mieten. Wir könnten auch mit

dem Fahrrad durch den Park fahren, die Wege können sehr weit werden. Davon können wir uns überzeugen, sobald wir durchs Eingangstor getreten sind. Die Wisente nämlich (Nachfahren der Tiere, die bei der feierlichen Eröffnung für so viel Unruhe sorgten), scheinen sich völliger Freiheit zu erfreuen und haben Platz ohne Ende. Der Wassergraben, der sie von den Besuchern trennt, sieht so aus, als wäre er schon immer da gewesen. Ein Blick nach links zu den Bisons: Die haben auch die Ruhe weg und machen sich sichtlich entspannt einen faulen Tag. 60 Prozent ihrer Zeit verbringen sie mit Fressen. Den Rest des Tages ruhen sie wiederkäuend aus. Bisons und Wisente sind übrigens eng verwandt. Und wenn die Wassergräben nicht wären, würde die Verwandtschaft noch näher werden. Sie können untereinander für Nachwuchs sorgen. Aber im Tierpark ist kein Platz für solche Experimente.
Hier passiert nicht mehr viel, doch wir sind auf diese andere spannende Welt eingestimmt. Wir gehen nun nach rechts durch den Wald und landen bei den Eisbären und Brillenbären. Auch ihre Anlagen stammen aus der Anfangszeit des Tierparks. Die Granitfelsen bei den Eisbären kommen aus den Trümmern des alten Berliner Reichsbankgebäudes. Eine Besonderheit ist auch das riesige Schwimmbecken der Eisbären. Zwei Millionen Liter Wasser, die Tiere können an einem Stück 86 Meter weit schwimmen, und dazu noch ein großer Wasserfall. Kein Wunder, dass hier schon sie-

Das Bärenschaufenster:
Staunen darf man schon vor der Kasse.

Solche Spendenaufrufe verhallten nie ungehört.

ben Mal Eisbärennachwuchs aufgezogen wurde. Weil die Mütter die Sache selbst in die Hand nahmen, gab es zwar nicht so einen riesigen Rummel wie bei Knut, die Zoos in Kairo und Japan aber freuten sich tierisch über den Nachwuchs aus Berlin.

In der Bärenschlucht, die übrigens genauso aussieht, wie man sich eine solche vorstellt – steil, felsig, grün –, sieht man Brillenbären, die ihren Namen von der charakteristischen weißen Fellfärbung um die Augen haben. Wenn man sie überhaupt zu sehen bekommt, denn in der Schlucht gibt es tolle Versteckmöglichkeiten, was die Beobachtung zu einer spannenden Sache macht.

Wer sich traut, geht am linken Ende des Eisbärengeheges weiter, vorbei an den Waldbisons und landet mitten im Kinderzoo! Wer sich mit dieser Spezies nicht gut auskennt, braucht jetzt Nerven aus Stahl, besonders an einem schönen Sommertag, denn dann sind die Berliner Kinder besonders, nun ja, lebenslustig. Es gibt einen Spielplatz, einen großen Streichelzoo und alles, was die Kinder vom Spielzeugbauernhof zu Hause kennen: Schafe, Ziegen, Schweinchen, Meerschweinchen, einen Mäuseturm, in dem man das zappelige Treiben der Hausmäuse studieren kann, Grauhörnchen, die die Kinder aus den Comics kennen, und jede Menge Gänse, Enten und Kaninchen aller Art.

Nach so einem Tag im Tierpark glaubt man gar nicht, wie viele Haustiere sich ein Kind wünschen kann.

Wir halten uns rechts, und nach ein paar Schritten wird es auch schon wieder deutlich ruhiger. Aha. Uhu! Der Uhu macht das, was er auch in freier Wildbahn tagsüber am besten kann. Nichts! Er sitzt einfach nur aufrecht da, manchmal lehnt er sich auch an einem Ast an, in seltenen Fällen legt er sich flach auf den Boden, nimmt ein Sonnenbad und genießt es, dass ihn keiner stört. Draußen in freier Wildbahn wird er nämlich von anderen Vögeln geärgert, sobald sie ihn entdecken. Besonders Rabenvögel reagieren richtig hysterisch, versammeln sich um seinen Schlafplatz, beschimpfen ihn und fliegen sogar Angriffe gegen ihn, obwohl er viel größer und stärker ist. Der Uhu hat kein gutes Image in der Vogelwelt, und daran ist er nicht ganz unschuldig – nachts fällt er nämlich selbst über ruhende Vögel her, und da bleibt es nicht beim Ärgern, sondern endet mit einer Mahlzeit. In Deutschland wurde er beinahe ausgerottet, heute geht es ihm – auch dank einiger Auswilderungsprogramme, wieder besser. Obwohl der Uhu ein ausgezeichneter Flieger ist, jagt er auch gern als Fußgänger – und selbst da ist er erstaunlich schnell und unheimlich wendig. Er erwischt sogar eine fliehende Maus. Außer dem europäischen Uhu zeigt der Tierpark auch noch den Turkmenen-Uhu und den Bengal-Uhu aus Indien. In einer weiteren Voliere gibt es Bartkäuze.

Bitte die
nicht füttern !
Кормить
Prosimy nie
karmić zwierząt !
Prosíme nekrmit
zvířata !
Az állatokat
etetni tilos !
Please, do not

Wir biegen noch einmal scharf rechts ab und wundern uns zunächst über den Namen: Schweinsaffen. Warum heißen sie denn so? Die einzige Schweinerei, die über sie wirklich bekannt ist, wurde ihnen von den Menschen angetan. Die Makakenart aus Südasien wurde nämlich gerne als Labortier benutzt, in den 1960er Jahren wurden einzelne Tiere sogar zu Testzwecken ins Weltall geschossen! Im Tierpark dagegen können sie, wie sie es auch in ihrer Heimat gerne machen, schön am Boden bleiben. Im Gegensatz zu manch anderer Affenhorde geht es bei ihnen recht gesittet und auffallend leise zu – sie wollen keine Feinde anlocken. Publikumshit sind ihre Babys – sie krallen sich am Bauch der Mutter fest und haben ganz entzückende Fingerchen. Und warum heißen sie jetzt Schweinsaffen? Na, schauen Sie einmal auf das süße Ringelschwänzchen! Da gibt es wirklich eine auffallende Ähnlichkeit. Außer den Schweinsaffen finden wir hier auch eine kleine Gruppe Gelbbrustkapuziner. Sie sind in ihrer brasilianischen Heimat von der Ausrottung bedroht, und der Tierpark beteiligt sich gemeinsam mit anderen Zoos an einem Schutzprogramm für sie.

Wenn wir weiter gehen, kommen wir an eine Teichanlage, die von nordischen Entenarten bewohnt wird. Achten Sie besonders auf den Gänsesäger, den können Sie im Winter auch bei uns in freier Wildbahn antreffen, wenn die Tiere vor den strengen nordischen Wintern zu uns ausweichen. Sie können bis zu

Die Möwen-Voliere

Wer will uns streicheln?

zehn Meter tief tauchen und fressen 300 Gramm Fisch am Tag. Mit ihrem Haken am Ende des Schnabels und den Sägezähnen können sie ihre glitschige Beute ausgezeichnet festhalten.

Hinter dem Teich befindet sich die große Möwenvoliere, deren Rückwand aus Naturfels gestaltet ist. Die Anlage ist offenbar gelungen, denn in jedem Frühjahr gehen die Möwen hier eifrig ihrem Brutgeschäft nach.

Und dann stehen wir auch schon in der zwei Hektar großen Haustieranlage. Dieser Teil des Tierparks wurde erst 1997 eröffnet und ist mit zehn großzügigen Gehegen ein Refugium für seltene und aussterbende Haustierrassen. Heute geht der Trend zwar wieder weg von Hochleistungslandwirtschaft, und alte robuste Rassen erleben im Biolandbau wieder eine Renaissance, da sie nicht so krankheitsanfällig sind und auch kein Turbo-Futter benötigen. Dass sie aber die Jahrzehnte der auf reinen Massenbetrieb ausgelegten Optimierungszucht überstanden haben, ist wenigen Liebhabern und den Zoos zu verdanken. Ähnlich ist es beim Obstanbau, auch hier kommen wieder althergebrachte Sorten in Mode, und zum Glück überdauerten auch sie den Normungswahn in botanischen Gärten oder privaten »Apfelzoos«.

Im Tierpark sehen wir Pfauenziegen, das Kärntner Brillenschaf, Walliser Ziegen und Schwarznasenschafe. Ihre Lämmer mit den schwarzen Füßen, Ohren und Nasen sind besonders niedlich. Auch der Nachwuchs der Mangaliza-Schweine (auch Wollschweine genannt) ist entzückend. Sie haben Streifen wie die Ferkel der Wildscheine und toben gerne auf ihren wolligen Müttern herum. Das macht denen aber nichts aus, sie haben eine dicke Speckschicht. Weil die Verbraucher diese aber überhaupt nicht schätzen, drohte den Mangaliza-Schweinen das Aus, obwohl sie – behaupten zumindest Leute, die es ausprobiert haben – auch in der Pfanne ganz groß herauskommen. Oder, wie bei den Ungarn, als Salami oder in Spanien als Serano-Schinken. Durch ihre Speckschicht und die starke Behaarung kann man sie ganzjährig im Freien halten. Im Tierpark werden ihre kulinarischen Vorzüge übrigens nicht genutzt. Schwein gehabt!

Schwer in Mode sind in den letzten Jahren auch die schottischen Hochlandrinder, zu ihnen gesellen sich ungarische Steppenrinder und Fjällrinder aus Skandinavien. Selbstverständlich gibt es auch Esel zu sehen, die Philosophen unter den Huftieren. Sie haben in den letzten Jahren eine erstaunliche Karriere gemacht. In den Wochenendbeilagen der Zeitungen gibt es ständig große Reportagen über Eselwanderungen (man reitet nicht mehr auf ihnen, sondern führt sie spazieren!), sie sind zu Titelhelden der Hochglanzillustrierten geworden, die die Vorzüge des Lebens auf dem Lande preisen. Und wenn man dann vor dem strubbeligen Poitou-Esel aus Frankreich steht oder den Zwergeseln, dann weiß man: Ich Esel bin echt verrückt, dass ich hier in Berlin jeden Tag in mein Büro renne, anstatt ein Häuschen in der Uckermark zu haben und meine Esel statt den Computer zu füttern. Vorsicht also: Ein Tierpark-Besuch kann Ihre Karriere gefährden und Ihre Aussteiger-Träume beflügeln. Ewig kann man hier stehen bleiben und vor sich hin sinnieren, aber, was ist denn das da hinten?

So einen riesigen Vogel hat die Welt noch nicht gesehen! Gestatten, der Sattelstorch, und wenn Störche tatsächlich die Babys bringen, dann ist dieser hier zuständig für Zwillinge, Drillinge und aufwärts. Der Sattelstorch ist einer der größten flugfähigen Vögel der Welt (145 Zentimeter groß) mit einem gewaltigen Schnabel, der auch noch eine irre Färbung aufweist. Schwarz-rot-schwarz mit einer großen gelben Kappe. Er lebt treu mit seiner Partnerin zusammen, und bei diesem riesigen Schnabel kann man nur froh sein, dass er ihn oft hält, sonst würde es mit Sicherheit mächtig laut werden. Einmal im Jahr klappert er am Horst.

Noch lauter ist der nur wenig kleinere Goliath-Reiher, der eine Stimme besitzt, die zwei Kilometer weit zu hören ist. In Afrika jagt der Sattelstorch dem fleißigen Goliath-Reiher übrigens oft die Fische ab, die dieser sehr geschickt fängt. Im Tierpark ist genug für alle da. Gefüttert und bestaunt – da fühlt sich auch der Heilige Ibis heimisch, ebenfalls ein Afrikaner. Im alten Ägypten wurde er als Gottheit

Viele Hände packten mit an.

verehrt, es gab sogar Grabstätten für ihn. Auch der Afrikanische Nimmersatt, eine weitere Storchenart, macht bei dieser Behandlung seinem Namen alle Ehre und gedeiht prächtig.

Hunger bekommen? Gleich gibt's einen Imbiss, aber gehen wir noch die paar Schritte zu den Rentieren. Die Anlage wurde 1998 natürlich an einem Nikolaustag eingeweiht, bekanntlich ziehen die Rentiere ja seinen Schlitten. Warum sich der Weihnachtsmann für die Rens als Zugtiere entschied, ist recht einfach. Sie sind die einzigen Vertreter der Hirschfamilie, die man zähmen konnte und zogen früher tatsächlich Schlitten. Und außerdem sind sie die ausdauerndsten Läufer unter den Landsäugetieren. Auf ihren Wanderungen auf der Flucht vor den arktischen Wintern legen sie bis zu 5000 Kilometer zurück! Sie bilden dabei riesige Herden, einmal zählte man in Alaska eine Herde von einer halben Million Tieren. Logisch, dass dann auch Wölfe oder Eisbären sie gerne ein Stück weit begleiten. Eine beliebte Jagdbeute waren sie aber auch schon bei den Steinzeitmenschen, Höhlenzeichnungen erzählen davon blutige Geschichten.

Aber lassen wir uns den Appetit nicht verderben und gehen nach links, jetzt wird's nämlich wirklich Zeit für einen Imbiss, und hier kann man auf Holzbänken schön ausruhen. Dies ist auch nötig,

Das Brehm-Haus: So soll's mal aussehen.

Direktor Dathe bei der Baustellenbesichtigung

1963: Das Brehm-Haus,
der neue Stolz des Tierparks,
ist fertig!

denn gleich kommen wir zu einem der Höhepunkte des Rundgangs, das gewaltige Gebäude vor uns sieht ja wirklich recht viel versprechend aus.
Trinken Sie also aus und dann hereinspaziert ins Alfred-Brehm-Haus. Es ist gewaltig. Eines der größten Tierhäuser der Welt. 5300 Quadratmeter Wildnis, in der Mitte eine 16 Meter hohe Tropenhalle mit einer Grünfläche von 1100 Quadratmetern. Ins Haus integriert sind zwei riesige Felsanlagen, eine für Löwen, die andere für Tiger. Beide werden ins Freie verlängert und münden über einen »Privatraum«, in den sich die Tiere zurückziehen können, in Außengehege, die von diesen Gesteinsformationen begrenzt werden. Im Haus thronen die Tiere auf ihrer Naturbühne erhöht, so dass keine Begrenzung den Blick stört. In den Freigehegen sieht das Publikum nach unten wie in einem Amphitheater, und es gibt auch tatsächlich einen Wassergraben. Wenn der Löwe der König der Tiere ist, dann hat er hier einen würdigen Palast bekommen. Wer wissen will, was Dathe genau damit meinte, dass die Tiere die Stars sein sollen – hier hat er sein Konzept zur Meisterschaft gebracht. Es war aber auch eine gewaltige Kraftanstrengung bis zur Eröffnung 1963 nötig. Wieder waren viele Freiwillige dabei, Dathe kämpfte wie ein Löwe für die teurere, aber bessere Lösung mit Natursteinen statt Beton. Die außergewöhnliche Akustik des Hauses sorgt für heilige Schauer, wenn der Löwe seine Stimme erhebt. Die Decke ist dafür wellenartig geformt, es

sieht ein wenig aus, als hätte ein Savannenwind sie geformt.
Die ganze Anlage mit ihren insgesamt 14 Außenkäfigen ist dennoch nicht über alle Kritik erhaben. Im 21. Jahrhundert hat man inzwischen in einigen Punkten andere Vorstellungen von der Tierhaltung als 1963. Während Löwe und Tiger in ihren Luxusappartments wirklich fürstlich residieren, müssen andere Großkatzen mit deutlich weniger Platz auskommen. Ein Grund: Der Denkmalschutz! Die ganze Anlage ist nämlich auch ein Kulturgut, und als man 1996 daran ging, die Käfige zu erweitern, gab es strikte Auflagen. Untersagt wurde auch eine Zusammenlegung der Außenkäfige, eine Entscheidung, die von vielen Seiten mit großem Unverständnis aufgenommen wurde. »Denkt mal nach!« möchte man hier den Denkmalschützern zurufen. Wenigstens die Geparden, mit über 100 Stundenkilometern Spitzengeschwindigkeit die schnellsten Läufer der Welt, haben inzwischen eine passende Unterbringung gefunden. Sie bewohnen ein separates 1000 Quadratmeter großes Freigehege, das im Jahr 2000 eröffnet wurde. Und auch die Schneeleoparden haben seit 1998 ein ansprechendes Freigehege auf der Rückseite des Alfred-Brehm-Hauses. Sie danken es mit regelmäßigem Nachwuchs.
Aber zurück ins Haus. Die Indischen Löwen sind, in ihrer Heimat stark gefährdet, im Tierpark immer fleißig dabei, ihre Art zu erhalten. Die zweite Felsenbühne gehört den Sibirischen Tigern. Im

Die Eröffnung:
Mit dem Brehm-Haus erfüllte sich auch ein Kindheitstraum für Direktor Dathe.

Leopard im Körbchen

Winter scheinen sie die Wechselbäder zwischen dem kalten Außengehege und der wohlig-warmen Tropenhalle richtig zu genießen, man sieht sie in ständiger Aktivität. Die Firma, die den Tiger in den Tank packen wollte, fand das so bemerkenswert, dass sie hier eine Forschungsarbeit finanzierte. Daneben gibt es im Alfred-Brehm-Haus noch zwei weitere Tiger-Arten. Den kleineren Sumatra-Tiger und, einmalig in Deutschland, den Hinterindischen Tiger. Leoparden gibt es auch: den Java-Leoparden, den China-Leoparden und den besonders seltenen Amur-Leoparden, der sich zum Glück im Tierpark erfolgreich vermehren konnte. Als Besonderheit unter den Leoparden gibt es auch noch den schwarzen Panther zu sehen. Auch den Jaguar zeigt der Tierpark in seiner gefleckten und der schwarzen Variante, Pumas gibt es ebenfalls und dazu noch eine ganze Reihe Kleinkatzen.

Wer Freude daran hat: Die Fütterung der Raubkatzen findet täglich gegen 15 Uhr statt, außer freitags, da ist Fastentag. Samstags sind also alle hungrig, da fliegen dann die Fetzen.

Viel friedlicher geht es in der Tropenhalle zu, aber vorsichtig, es regnet von 13 bis 13.30 Uhr. Und während man im Rest des Hauses vielleicht noch durchaus gemischte Gefühle haben konnte (es ist nun einmal eine zwiespältige Sache, Raubkatzen einzusperren, selbst wenn die Argumente dafür einleuchtend erscheinen mögen), wartet hier drinnen, ganz klar, ein Paradies. Vogelfreunde bekommen leuchtende Augen und spitze Ohren, und selbst wer noch nie in den

Königsgeier betteln um Futter.

Tropen war, spürt sofort: Ja, genau so muss es dort sein. Eine Vogelschar voll intensiver Farbenpracht mit den abenteuerlichsten Schnäbeln und exotischen Stimmen. Man kann einfach nur dastehen und zuhören und spüren, wie der Blutdruck sinkt.

Wer zum ersten Mal da ist, sieht nur einen Bruchteil der hier lebenden Tiere. Aber wer länger bleibt oder öfter kommt und sein Auge an die Vielfalt gewöhnt hat, tritt in einen spannenden Wettbewerb mit sich selbst, wie viele unterschiedliche Arten er ausmachen kann. Klar, die Flughunde sieht jeder, sie sind ja groß genug und hängen gut sichtbar herum. Auch die tiefblauen Kronentauben sind, wenn auch wunderschön, Anschauungsobjekt für Anfänger. Aber man kann sich zum Beispiel auch in den Kopf setzen, wie es der Schreiber dieser Zeilen schon tat, endlich den Weißohr-Katzenvogel zu entdecken und vielleicht sogar ein anständiges Foto zu machen, sobald die Linse nicht mehr so beschlagen ist: Viel Spaß, vielleicht haben Sie ja mehr Glück! Jedenfalls ist die Tropenhalle, ganz besonders im Winter, ein einziges Abenteuer und echter Kurzurlaub, und jetzt kommt's: Es soll noch toller werden, geplant ist eine Galerie, die durch die Baumwipfel führt, dann kann man vielleicht endlich auch die verborgenen Exoten entdecken, bei denen immer das üppige Grün im Weg war. Es gibt Gummibäume, Bambus, Kaffeesträucher und eine Vielzahl von Palmen. Ausgeschrieben sind die Arbeiten schon, und bei der Gelegenheit wird das ganze Alfred-Brehm-Haus auch noch energetisch saniert. Und wer weiß: Wenn

Präriehunde bellen nur ganz selten.

man schon einmal dabei ist, findet sich vielleicht auch für die Großkatzen eine bessere Lösung.

Wir verlassen also das Alfred-Brehm-Haus voller Optimismus, dass sogar der Tierpark noch besser werden kann und stoßen hinter dem Haus auf ein ganz entzückendes Gewusel, wie aus dem Comic-Heft entsprungen. Eine Kolonie Präriehunde, mit unseren Murmeltieren verwandte Erdhörnchen aus Amerika, die sich hier so an den Menschen gewöhnt haben, dass man ihren hundeartigen Warnlaut nur selten hört. In ihrer Heimat bilden sie riesige Kolonien. Im mexikanischen Bundesstaat Chihuahua gibt es eine richtige Präriehund-Großstadt mit einer Million Einwohnern auf einer Fläche von 350 Quadratkilometern, das ist knapp halb so groß wie Berlin. In Texas soll es einmal eine Stadt gegeben haben, die 65000 Quadratkilometer umfasste und 400 Millionen Einwohner hatte. Alles unterirdisch, versteht sich. In den ganzen USA soll es in ihren besten Zeiten fünf Milliarden Tiere geben haben, obwohl die Weibchen, ein unter Säugetieren nahezu einmaliges Verhalten, mit Vorliebe den Nachwuchs anderer Weibchen umbringen. Fast jeder zweite Präriehund haucht so sein kurzes Leben aus. Trotzdem bekam die US-Regierung das Problem der explosiven Vermehrung der Präriehunde Anfang des 20. Jahrhunderts nur mit einem gewaltigen Feldzug in den Griff, bei dem auch gnadenlos Gift eingesetzt wurde. Die Tiere wurden dabei fast ausgerottet, die Bestände haben sich inzwischen aber wieder erholt. Kindermord gibt es in der Tierpark-Kolonie,

weil sie schön klein und überschaubar ist, zum Glück nicht.
Die nächste Bühne: Hier haben sich unsere Akteure wie Schauspieler auf dem Roten Teppich allesamt in einen Smoking geworfen. Pinguine! Seit dem überwältigenden Erfolg des Dokumentarfilmes »Die Reise der Pinguine«, der einen Oscar bekam und in Deutschland über eine Million Menschen in die Kinos lockte, lassen diese Tiere niemanden mehr kalt. Und dass manche Pinguine so warme Gefühle zueinander entwickeln, brachte ihnen noch einmal zusätzliche Schlagzeilen, insbesondere den Humboldt-Pinguinen, und genau diese werden auch im Tierpark gezeigt. Benannt sind sie nach dem Berliner Forscher Alexander von Humboldt, der die Tiere allerdings nie zu Gesicht bekam. Sie tragen ihren Namen nach dem kalten Humboldtstrom vor den Küsten Chiles und Perus, wo sie auf vorgelagerten Inseln nisten. Humboldt-Pinguine leben in großen Gruppen, Paare bleiben oft mehrere Jahre zusammen. Mit Treue allerdings macht man bekanntlich keine Schlagzeilen, höchstens, wenn das Eis zwischen zwei Männchen schmilzt. Und genau das passiert bei den Humboldt-Pinguinen gelegentlich, besonders hoch her ging es dabei im Zoo am Meer in Bremerhaven. Dort wollte sich der ersehnte Nachwuchs nicht einstellen, weil sich gleich mehrere Männchen lieber miteinander beschäftigten und dann versuchten, einen Stein auszubrüten. Die Zooleitung reagierte pragmatisch und versuchte, durch eine Verstärkung der weiblichen Reize (ein schwedischer Zoo half mit den dafür benötigten Damen aus), die verliebten Männer wieder auf Hetero-Kurs zu bringen. Wütende Proteste aus der Lesben- und Schwulenbewegung waren die Folge. Aktivisten befürchteten sogar, dass man die armen Pinguine gegen ihren Willen zum intergeschlechtlichen Austausch zwingen würde und kämpften gegen die befürchtete Zwangsscheidung der glücklichen Männerzweisamkeit. Die Erregung war überflüssig, der Zoo ließ der Natur ihren Lauf. Die Männchen interessierten sich auch für die neuen Weibchen nicht, und schließlich klappte es – wenigstens in einem Fall – sogar hier mit dem Nachwuchs. Ein Hetero-Paar hatte 2009 ein Ei aus dem Nest gestoßen, ein Homo-Paar brütete es aus und zog das Kleine danach liebevoll auf. Geht doch!
Sprengstoff birgt übrigens noch eine Eigenart der Pinguine. Ihr Kot, der sich mit dem Kalkstein auf ihren Heimatinseln zum begehrten »Guano« verbindet, wurde nicht nur zur Düngerherstellung verwendet, früher machte man tatsächlich Sprengstoff daraus. Wegen der Jagd nach dem Guano wurden die Pinguine aus vielen Brutgebieten vertrieben, auch Überfischung bedroht sie in ihrer Heimat. Außer den Humboldt-Pinguinen zeigt der Tierpark auch die afrikanischen Brillenpinguine. Beide Arten ziehen – ohne größere Verirrungen – regelmäßig Jungtiere auf. Sie nutzen dafür sowohl die vorgebauten Bruthöhlen, graben sich aber auch gerne eigene Unterschlupfe.

Ihre Gehege mit Naturboden, Schwimmbecken und Felsrückwänden sind dafür wie geschaffen. Gesellschaft bekommen die Humboldt-Pinguine noch durch ein Paar Langschiff-Flügelenten, die sie aus ihrer Heimat kennen. Sie nehmen beim schnellen Schwimmen ihre Flügel zur Hilfe, und zwar abwechselnd den rechten und linken. Das spritzt nicht nur ordentlich, sondern erinnert auch ein wenig an die Schaufelraddampfer. Die Dampfschiff-Enten sind nahezu flugunfähig, aber dafür treffen wir ein paar Meter weiter auf echte Hochleistungsflieger.
60 Meter lang, 33 Meter breit und neun Meter hoch ist die Greifvogel-Voliere, auf diese Maße war der Tierpark schon bei der Eröffnung der Anlage 1965 mächtig stolz. Dathe notierte: »Auch die größten Formen können fliegen, schweben, segeln und wenden. Das wirkt sich auf die Bemuskelung und selbstverständlich auch auf das Wohlbefinden dieser Großvögel aus.« Dennoch sind die Herrscher der Lüfte eingesperrt und – ähnlich wie bei den Raubkatzen – stellt sich dabei auch ein gewisses Unbehagen ein, selbst wenn die Tiere sich, ihr eifriges Brutverhalten spricht dafür, sehr gut eingelebt haben. Am auffälligsten ist der Königsgeier, der durch seine spektakuläre Färbung und seine je nach Betrachtungsweise potthässlichen oder hochinteressanten Schnabelwarzen besonders ins Auge sticht. Die sind, wie der Nacken, leuchtend orange gefärbt, der Schnabel ist an der Spitze rot, weiter hinten schwarz, rote Flecken gibt es auch

um die Augen. Wie in freier Wildbahn sind sie auch hier am Fressplatz die Chefs im Ring. Erst kommt der Königsgeier, dann lange nichts, und dann vielleicht die Gänsegeier, Schneegeier und Kuttengeier. Auch den heimischen Mäusebussard sieht man hier aus der Nähe seine Bahnen ziehen. Richtig interessant wird es hier dann, wenn die Jungvögel der verschiedenen Arten ihre ersten Flugstunden bekommen. Bis aus den ersten Hüpfern ein unbeholfenes Flattern wird, um dann endlich zu einem, wenn auch wackligen und scheinbar ängstlichen, ersten Gleitflug zu werden, diese Tagen und Wochen allein können schon zum Kauf einer Jahreskarte animieren. Und tatsächlich sieht man im Frühjahr recht häufig jeden Tag die selben Besucher an der Voliere stehen, die sich von den Fortschritten der kleinen Freiflieger überzeugen. Weil es sich bei diesen Besuchern häufig um Rentner handelt, hörte man für sie sogar schon den liebevollen Spitznamen »Geier-Omis«, den wir hier natürlich auf keinen Fall weiter verbreiten möchten. Stören wir sie also nicht weiter, allemal besser, als sich die Bude, so wie das ein fanatischer Berliner einmal gemacht hat, mit 1500 Wellensittichen zu füllen. Bei der Vorstellung wird es einem ganz schwindelig, da tut es gut, dass der Tierpark genau jetzt und hier wieder seine eigentliche Stärke als Landschaftszoo ausspielt. Weite. Ruhe. Zebras!
Willkommen in Afrika, Entschuldigung, im Afrikanum des Tierparks. Drei Zebraarten und der Somali-Wildesel teilen

Zebras streifen durch die Berliner Savanne.

sich eine Fläche von 26000 Quadratmetern. Obwohl hier herrlich viel Platz ist und die Zebras genau das tun, was sie auch in ihrer Heimat am liebsten machen (gruppenweise herumstehen und grasen) und genügend Experten sie in aller Ruhe beobachten und sich ihre Gedanken machen können, weiß man immer noch nicht, wie die Tiere zu ihren Streifen kamen. Drei Theorien existieren, jede klingt gut, muss aber deshalb noch lange nicht richtig sein. Erstens könnten die Streifen dazu dienen, dass Raubtiere bei den in Herden lebenden Zebras kein einzelnes Tier mehr richtig ausmachen können. Durch die Streifen entsteht so ein Kuddelmuddel zwischen den Tieren, dass man nicht mehr weiß, wo hinten und vorne ist. Möglich aber auch, dass dadurch nur die Tsetse-Fliege, die die gefährliche Schlafkrankheit überträgt, getäuscht werden soll. Ihr Facettenauge kommt mit dem Muster ebenfalls nicht zurecht. Und dann könnte es auch sein, dass sich die Zebras an den Streifen untereinander erkennen. Man weiß es nicht, man kann sich eigentlich nur an den schönen Mustern erfreuen und die wesentlichen Unterschiede zwischen den einzelnen Arten beschreiben. Beim Hartmann-Bergzebra gehen die Streifen nicht um den Bauch herum, Grevy-Zebras haben eine besonders schmale Zeichnung, Chapman-Zebras wiederum haben besonders auffällige Zwischenstreifen. Das muss man sich anschauen, aber ganz schön lange, um die Unterschiede wirklich zu erkennen.

Der Somali-Wildesel macht es uns da einfacher. Er ist einheitlich grau, lediglich an den Beinen hat er ein schwarz-weißes Zebramuster. Er ist akut vom Aussterben bedroht, der Tierpark führt für diese Art das Internationale Zuchtbuch und ist auch selbst bei der Zucht erfolgreich.

Was brüllt denn da?

Schon wieder Löwen?

Klingt fast so, es ist aber der Afrikanische Strauß, gleich ein Gehege weiter. Die Strauße sind übrigens nicht ganz ungefährlich: Ein einziger Fußtritt kann einen Löwen töten. Bei Bedarf natürlich auch einen Menschen, das ist alles schon passiert, im Tierpark allerdings nicht. Ein Strauß wiegt bis zu 140 Kilogramm, und ein Straußenei entspricht 24 Hühnereiern. Natürlich stecken die Tiere den Kopf nicht in den Sand, sondern laufen entweder weg, legen sich flach hin, was dann manchmal so aussieht, als ob der Kopf weg wäre, oder stellen sich dem Feind und verteilen die schon erwähnten Fußtritte.

Und wenn Sie sich fragen, warum wir das riesige Haus links von uns die ganze Zeit links liegen lassen, keine Bange, dazu kommen wir noch, das ist das Dickhäuterhaus. Aber wie schon Professor Dathe vor der Eröffnung des Tierparks meinte: Auch in einem Museum könnte man nicht alles an einem Tag sehen. Er wollte, dass die Besucher immer wieder kommen. Wir kommen auch noch dorthin, versprochen. Jetzt gehen wir weiter um das Haus herum und zu den Varis, das sind Halbaffen aus Madagaskar, die

Ein Strauß teilt aus.

man, wenn ihnen danach ist, sogar streicheln kann! Man darf nämlich durch ihr Gehege laufen. Damit sie nicht ausbüxen können, gibt es Doppeltüren, und wenn die Tiere keine Lust auf Menschen haben, turnen sie einfach rüber auf ihre Privatinsel oder in ihr Haus. Ihr Fell ist sehr kuschelig, und es ist ein Jammer, dass diese Tiere in ihrer Heimat ebenfalls vom Aussterben bedroht sind.
Vorbei an zwei weiteren Kranichgehegen kommen wir jetzt zu Tieren mit einem noch längeren Hals, den Giraffen. Wieder prunkt der Tierpark mit viel Platz und, weil es kein Gitter, sondern einen Wassergraben und im Hintergrund Wald gibt, vor dem die dathegrünen Zäune verschwinden, mit allerbester Aussicht. Über 7000 Quadratmeter hat die Freifläche, das Giraffenhaus umfasst eine Fläche von 600 Quadratmetern. Hier kommt man den Tieren ganz nah, und je näher man kommt, desto kleiner wird man selbst. Man kann sie atmen hören, und wer dafür empfänglich ist, und Giraffen sorgen durch ihre ruhige Präsenz dafür, entdeckt seine Ehrfurcht vor diesen Geschöpfen. Die heilige Stille bei den Giraffen kommt daher, dass sie sich untereinander in einem Frequenzbereich von unter 20 Hertz verständigen – Menschen können das nicht mehr hören. Eine männliche Giraffe kann knapp zwei Tonnen wiegen, ein Giraffenherz bringt es auf zwölf Kilogramm, um das Blut bis zum Kopf pumpen zu können. Anders als beim Zebra ist bei der Giraffe das Geheimnis ihrer Flecken gelöst – sie

dienen der Klimaregulation. Um jeden Fleck verläuft eine kräftige Arterie, die viele feine Adern verbinden. Wenn es den Tieren zu heiß wird, werden diese Flächen besonders kräftig durchblutet – die Giraffen geben so Hitze ab. Jeden Tag fressen sie bis zu 30 Kilogramm Grünfutter, dafür brauchen sie 16 bis 20 Stunden. Gieraffe, möchte man dann sagen. Da sie auch gern schlafen, bleibt nicht mehr viel Zeit für anderes. Witzig im Giraffenhaus ist, dass hier als größtmöglicher Kontrast auch noch zwei Winzlinge gezeigt werden: Afrikanische Streifengrasmäuse und Vielzitzenmäuse.

Ist Ihr Foto-Akku noch fit? Noch Platz auf dem Chip? Brauchen wir gleich, denn jetzt geht es vorbei an zwei Gehegen für Wasserböcke zum Affentempel, und da kann man wirklich eindrucksvolle Schnappschüsse machen. Halt, nicht ganz so schnell, zumindest der Ellipsenwasserbock ist wenigstens ein Foto wert. Kaum ein anderes Tier hat ein so entzückendes Hinterteil, der weiße Fellring am Südpol des Tieres ist wirklich bemerkenswert, aber auch die spiralförmigen Hörner machen etwas her. Jetzt aber zu den Affen, den Berberaffen, um genau zu sein. Ihre Anlage hat Hollywood-Format und könnte inspirierend wirken für Filme über den Untergang der menschlichen Zivilisation. Alte Säulen und Kapitelle, eben ein richtiger Trümmertempel, der schon lange keine Menschen mehr gesehen hat, bevölkert von einer wilden Horde Affen. 1979 wurde die Anlage gebaut, hier ergeben sich ständig neue Fotomotive, denn die Affen lieben es, in der Anlage herumzuklettern. So ging es den Erstbesiedlern (Makaken), so geht es auch den neuen Bewohnern, den Berberaffen, die sonst auf den Felsen von Gibraltar herumturnen. Allerdings mussten sich die Berberaffen bei ihrem Umzug Ende 2003 erst mühsam von den Vorzügen ihrer neuen Heimat überzeugen lassen, denn schon am ersten Tag büxten sie aus, und zwar komplett. Drei Tage lang narrten sie ihre Pfleger und brachten den halben Tierpark durcheinander, die Hauptstadtpresse druckte genüsslich immer neue Fotos und spekulierte schon darauf, dass die Affen nie wieder eingefangen werden könnten. Erst die Höhenretter der Berliner Feuerwehr machten dem Affentheater schließlich ein Ende. Mittlerweile haben sie sich so gut eingelebt, dass es regelmäßig Nachwuchs gibt, was der ganzen Horde sichtlich guttut. Die Jungtiere haben nämlich einen besänftigenden Einfluss auf aggressive Männchen.

Noch mehr Afrika? Jede Menge! Vier große Freianlagen zeigen hinter dem Affentempel seltene Antilopenarten, bei denen sich der Tierpark erfolgreich an Auswilderungsaktionen beteiligt. Tiere aus Berlin kamen so nach Tunesien und Marokko. Besonders bedroht sind die Oryxantilopen, wunderschöne weiße Tiere mit beeindruckenden Hörnern. Über ein Meter lange Hörner hat auch die Säbelantilope, die seit einem Vierteljahrhundert erfolgreich in Berlin gezüchtet wird. Auch die rotweißen Mhorrgazellen

Mama, wie ist die Luft da oben?

Ein Waldrapp kommt selten allein – zur Fortpflanzung braucht er Gesellschaft.

verdanken es menschlichen Zuchtbemühungen, dass ihre Bestandszahlen in letzter Zeit wieder gestiegen sind.

Das würde man auch dem Waldrapp wünschen, einem Vogel aus der Familie der Ibisse, den es nur noch in jeweils einer Kolonie in Marokko, in Syrien und in der Türkei gibt. Dabei waren die Tiere früher auch in weiten Teilen Europas bis nach Süddeutschland verbreitet. In freier Wildbahn zählte man zuletzt 450 Tiere, in Zoos über 2000. Und von hier kommt auch die Hoffnung, dass es dem Waldrapp eines Tages wieder besser gehen wird.

Es ist allerdings ein schwieriger Prozess. Einzelne Paare kommen nicht richtig in Brutstimmung, man braucht schon eine ganze Kolonie. Die hat der Tierpark! Dann kommt das nächste große Problem. Der Waldrapp ist ein Zugvogel. Tiere, die in Gefangenschaft aufgezogen werden, wissen nicht, wohin sie fliegen sollen. Ihre Eltern haben es ihnen nicht beigebracht. Bei einem ersten Auswilderungsexperiment flogen sie dann auch einzeln – und nicht wie von der Natur geplant im Trupp – in alle möglichen Richtungen. Zum Glück gibt es eine Lösung, die schon erfolgreich ausprobiert wurde. »Ihre« Menschen fliegen einfach mit Ultraleichtflugzeugen voraus und zeigen ihnen den Weg. Hat in Österreich schon geklappt, zum ersten Mal seit der Ausrottung vor über 350 Jahren startete der Waldrapp erfolgreich zum Flug ins Überwinterungsgebiet in der Toscana. Inzwischen hat einer dieser Pioniere den eigenen Nachwuchs ohne Menschenhilfe beim Zug nach Süden angeführt und

Sehen echt scharf aus: Mhorrgazellen

den Trupp auch wieder heil nach Hause gebracht. Der Tierpark beteiligt sich an einem weiteren Auswilderungsprojekt in Marokko.
Achtung, gleich wird's anstrengend. Vorher sammeln wir aber noch kurz Kraft beim Anblick der mächtigen Kaffern- und Rotbüffel, die wegen der Hörner, die zu einer kräftigen Stirnplatte zusammen wachsen, sprichwörtliche Dickschädel sind. Die wissen genau, was sie wollen: ihre Ruhe haben und gemächlich futtern. Damit kann der Tierpark dienen, dieser Anblick entspannt auch den Betrachter.
Wir aber verlassen jetzt Afrika. Rechts ab, den Berg hinauf geht's in die Gebirgswelt Asiens, die früher aus 8 Millionen Tonnen Gebäudeschutt aus dem zertrümmerten Berlin bestand. Wir sehen das chinesische Blauschaf, das aber eher grau ist, und um aufrichtig zu sein: Der blaue Schimmer ist allenfalls ein Schimmerchen. Die Hörner sind dafür mächtig. Daneben gibt es noch weitere Ziegen und Schafe, ein großes Rudel Weißlippenhirsche und schließlich noch eine Voliere für den Riesenseeadler, dessen gelber Schnabel furchteinflößend ist. Rechts geht es zu den europäischen Gebirgstieren. Bereits erwähnt wurde der Lämmergeier, der sich hier fleißig fortpflanzt und damit Auswilderungsprojekte ermöglicht. Daneben gibt's den Alpensteinbock, Schnee-Eulen, Gemsen und Elche. Die tauchen in letzter Zeit übrigens auch im östlichen Berliner Umland auf, es sind Tiere aus Polen, die mal nachsehen, ob

Der Moschusochse müffelt mächtig.

ihre uralten Wanderrouten noch funktionieren. Eine echte Überlebenschance haben sie derzeit allenfalls auf stillgelegten Truppenübungsplätzen oder im Nationalpark Unteres Odertal, mit dem der Tierpark eine enge Kooperation pflegt. Den höchsten Punkt des Tierparks (67 Meter) markiert die Voliere des Kolkraben. Vielleicht waren es auch seine Rufe, die dazu führten, dass jetzt auch wieder wilde Kolkraben auf dem Tierparkgelände brüten. Von hier oben hat man eine gute Übersicht über das ganze Terrain des Tierparks, und es wird einem ganz schnell klar: Es gibt noch ganz schön viel zu entdecken. Kann es sein, dass wir die ganze Zeit nur gegen den Uhrzeigersinn am Rand entlang spaziert sind? Was wartet auf dem restlichen Gelände noch alles auf uns? Langsam. Eines nach dem anderen, da kommen wir noch früh genug hin. Jetzt erkunden wir erst einmal das große Haus am Fuße des Berges, die paar Schritte schaffen wir noch.

Das Affenhaus! Es wurde Ende 2000 veröffentlicht und zeigt, wie sich die Tierpark-Verantwortlichen die Haltungsbedingungen im neuen Jahrtausend vorstellen. Und man kann nur sagen: Verglichen mit den eigenen Haltungsbedingungen in der Großstadt könnte man beinahe neidisch werden. Alle Anlagen haben direkten Zugang zu einem großzügigen und herrlich begrünten Außenbereich. Die Dscheladas, eine afrikanische Pavianart, haben sogar eine eigene Insel, auf der sie völlig ungestört sind. Trotzdem sehen die Dscheladas öfter rot: Wenn sie Lust auf Sex haben, leuchtet ihr unbehaarter Brustfleck in flammendem Rot auf. Obwohl die Weibchen deutlich kleiner als die Männchen sind, suchen sie sich ihren Partner selbst aus. Das muss nicht immer der größte und stärkste Prachtkerl sein. Auch wenn der einen Konkurrenten vertrieben hat, kann es immer noch passieren, dass er selbst von den Damen – die führen die Gruppe auch an – Saures bekommt und der unterlegene Konkurrent zum Zuge kommt. Ansonsten sind die Dscheladas eine friedliche Truppe. Sie ernähren sich, einzigartig unter Primaten, hauptsächlich von Gras- und Grassamen, und wenn es die nicht gibt, greifen sie auch auf Wurzeln und Knollen zurück. Wenn sie da so auf ihrer Insel herumlungern, hier mal nach einem Grashalm greifen, sich dann wieder ausgiebig das Fell kraulen und zwischendurch entspannt die Jungen bei ihren Verrenkungen beobachten, und wenn man das dann mit den Menschen vergleicht, die selbst hier hektisch mit ihren Telefonen herumspielen und von Gedanken an Steuererklärung, Krankenkassenzusatzbeiträge und eitle Vorgesetze gepeinigt werden, dann fragt man sich schon, wer sich hier zum Affen macht.

Kleiner Tipp: Im Tierpark gibt es viele Wiesen, wo man es sich auch als Mensch gemütlich machen darf. Man muss ja nicht gleich rotsehen, aber vielleicht ist hier und jetzt eine gute Gelegenheit, seinem Begleiter in aller Ruhe mal wieder zu sagen, dass man ihn sehr lieb hat.

Husarenaffen halten sich gerne einen Harem.
Das sorgt für Verstrickungen.

Dann packt man die leckeren Brote aus, die man sich zu Hause gerichtet hat, blinzelt in die Sonne und vergisst einfach den ganzen Ärger. Wir kommen nicht aus unserer Menschenhaut heraus, aber wir können uns doch wenigstens kuschelig darin einrichten. Wenn das sogar die Tiere können ...

Wir werden dabei nie so gut aussehen wie die Brazza-Meerkatzen, ebenfalls beneidenswerte Bewohner des Affenhauses. Sie haben ein rotes Stirnband und einen langen weißen Spitzbart. Zur Begrüßung reiben sie die Nasen aneinander.

Dann finden wir noch den Husarenaffen (hier hält sich ein schneidiges Männchen einen Harem) und Rotscheitelmangaben, einen weiteren Vertreter aus der Familie der Meerkatzen, die für ihre Größe ganz schön laut schreien können.

Vorbei an den großen Gehegen für Moschusochsen und Takine (eine seltene Rinderart aus Burma) und vorbei auch an zahlreichen Zuchtanlagen für Eulen und Greifvögel, schlagen wir uns jetzt zur Cafeteria durch. Als sie 1963 eröffnet wurde, markierte sie noch den Mittelpunkt des Tierparks, in Teilen hat sich der Charme aus der Eröffnungszeit noch erhalten, manche Besucher meckern darüber, dass auch die Speisekarte noch rustikale Züge aufweist und nur die Preise modernisiert wurden, aber das braucht uns nicht zu kümmern, wir haben ja gerade unsere leckeren Brote verspeist und wollen uns nur kurz umschauen.

Vielleicht ist das hier der Ort, wo Sie ihre nächste Familienfeier abhalten wollen, das geht nämlich. Man wird zwar die ganze Zeit beobachtet, aber die vielen Fische in den zahlreichen Aquarien plaudern nichts aus. Für Kinder sind die Clownsfische eine besondere Attraktion, einen Gruselfaktor garantieren die Piranhas, aber auch der Kugelfisch, der sich bei Gefahr zu einem seltsam aussehenden ballonartigen Gebilde aufbläst. Wem dieser optische Schock noch nicht reicht, auf den wartet ein tödliches Gift, das die Fische in Haut und Innereien produzieren. Die Japaner schrecken allerdings nicht davor zurück, das Muskelfleisch der Fische als besondere Delikatesse (Fugu) zu verzehren. Der Koch, der die Filets anrichtet, benötigt eine zweijährige Spezialausbildung. Trotzdem sterben in Japan jährlich etwa fünf Menschen an den Folgen des Fugu-Genusses, ausnahmslos Hobbyköche, die sich selbst an dieser heiklen Aufgabe versucht haben. Leider merkt man als Opfer einer Fugu-Vergiftung ganz genau, was mit einem passiert, denn das Gift wirkt nur auf die Nerven und verschont das Gehirn. Die Todgeweihten werden vollständig gelähmt und können sich weder bewegen noch sprechen, bleiben aber bei Bewusstsein. Sie sterben dann an Atem- oder Herzstillstand. Da lobt man sich dann doch die Tierpark-Küche.

Nach so viel Aufregung machen wir jetzt einfach einen schönen Spaziergang durchs Herz des Tierparks. Weite offene Flächen, begrenzt von Wäldern und Wassergräben – wir stehen vor den Lamawiesen, alle vier Arten sind hier zu

Nemo gefunden!

sehen. Lamas gehören zur Kamelfamilie, verzichten allerdings auf einen Höcker. Dafür können sie spucken, allerdings bleibt im Tierpark immer genügend Abstand zwischen Tier und Besucher. In Amerika benutzt man sie mit großem Erfolg als eine Art Wachhund, man sieht sie oft mit Kühen auf der Weide stehen, weil das Lama dann Coyoten und Wölfe fernhält. Mit Blick auf die Zuwanderung der Wölfe nach Brandenburg wäre das vielleicht auch eine Idee für heimische Landwirte.

Wenn wir uns weiter links halten, sehen wir auf der linken Seite Bennett-Kängurus. Sie kommen aus Australien, sind aber so dicht behaart, dass sie auch einen deutschen Winter gut vertragen. Hoffentlich haben Sie Ihr Fernglas nicht vergessen: Das Gehege ist ganz schön groß, und die Jungen, die da neugierig aus dem Beutel herausschauen, sind ziemlich klein, aber so süß, dass es schade wäre, sie nicht näher in Augenschein zu nehmen. Manchmal scheinen die Kängurus ihren Nachwuchs auch voller Stolz präsentieren zu wollen. Neun Monate bleiben die Kleinen im Beutel, bis sie selbst ihre ersten Sprünge machen.

Gegenüber wohnt ein Helmkasuar, ein Laufvogel, den Kängurus aus ihrer Heimat kennen. Sie werden bis zu 70 Kilo schwer. Helmkasuare haben, ähnlich wie unsere Hühner, einen Kamm – der aber

nicht aus Haut ist, sondern hornartig. Die roten Hautlappen, die ihnen auf dem Kopf fehlen, schlackern an ihrem blauen Hals. Sehr eigentümlich, aber es kann ja nicht jeder wie ein Flamingo herumlaufen. Die sehen wir jetzt rechts in der Flamingolagune, die es seit 1966 im Tierpark gibt. Kurios sind ihre Nester, kegelförmige Gebilde aus Schlamm, die sie im flachen Wasser errichten. Das macht zwar viel mehr Arbeit, als an Land eine Mulde zu scharren, aber im Wasser bekommt man weniger Besuch von Nesträubern, und außerdem hat der Flamingo es dann nicht so weit zur nächsten Mahlzeit. Flamingos filtern nämlich Plankton aus dem Wasser, dafür haben sie am Schnabelrand Lamellen, durch die sie das Wasser sieben. Wasser rein, die muskulöse Zunge drückt es dann wieder heraus, das passiert mehrmals in der Sekunde. Im Plankton ist auch der rote Farbstoff enthalten, der sich bei erwachsenen Tieren in den Federn anlagert. Weil die Zunge ständig Schwerstarbeit leistet, besteht sie aus feinstem Muskelfleisch. Die alten Römer ließen sich das als besondere Delikatesse auftischen. Flamingos gibt es nämlich nicht nur in exotischen Breitengraden, sondern auch in Italien, Frankreich, Spanien und der Türkei. Und eben auch in Berlin, wo sie regelmäßig erfolgreich brüten.

Hinter den Flamingos wieder weite Wiesen, die von Trampeltieren (zwei Höcker) und Dromedaren (ein Höcker) bevölkert werden. Als Embryo hat das Dromedar übrigens auch zwei Höcker.

In der Cafeteria gibt es auch viel Wasser!

Lamas auf der Sonnenseite des Lebens

Weg mit der Winterwolle

Trampeltiere werden bis zu einer halben Tonne schwer, tragen ihren Namen aber dennoch zu Unrecht. Sie haben an den Füßen ein schwieliges Polster und setzen sie deshalb recht sanft auf dem Boden auf. Sie können eine Last von über 200 Kilogramm tragen, auch über Distanzen von 50 Kilometern am Tag. Im Tierpark ist ihr Alltag allerdings frei von solchen Belastungen, allenfalls der übermütige Nachwuchs mit seinen Mini-Höckerchen trampelt ihnen auf den Nerven herum. Und vielleicht ab und an das Heulen der Wölfe von links, die sich neben den Hyänen gemütlich eingerichtet haben. Dafür müssten wir allerdings den Hauptweg jetzt nach links verlassen, das heben wir uns noch auf und schlendern weiter rechts den Hauptweg entlang.

Nach dem großen Spielplatz zur Linken kreuzt dann rechts wieder ein komischer Vogel unseren Weg. Der Sekretär aus Afrika, ein Laufvogel mit einem vornehmen Federkamm. Gleich daneben sind die Stachelschweine. Vorsicht, ihre zu Stacheln umgewandelten Haare sind wirklich nadelspitz. Sie können bis zu 40 Zentimeter lang werden, und sogar die Babys sind schon bestachelt, allerdings sind diese Stacheln noch recht weich und tun der Mutter anscheinend nicht weh, wenn der Nachwuchs an der (natürlich unbestachelten) Brust gesäugt wird. Aber wie kommt es überhaupt zum Nachwuchs. Ist das nicht ein mörderischer Akt?

Es ist, zugegeben, heikel. Das Weibchen klappt seinen Schwanz auf den Rücken und bietet sich so in schönster rückwärtiger Nacktheit dem Männchen an. Das muss jetzt allerdings noch aufsteigen und schön aufpassen, dass es alles richtig macht. Plumpe und falsche Bewegungen können böse enden. Vielleicht lebt das Stachelschwein deshalb auch in schönster lebenslanger Monogamie, weil diese Widrigkeiten nicht gerade zum Fremdgehen ermuntern. Eine Erklärung, wie und wo man sich den fremden Stachel eingefangen hat, dürfte außerordentlich schwierig sein.

Damit auch wir nicht vom rechten Weg abkommen, biegen wir jetzt scharf rechts ab, gehen ein Stück weiter an der Anlage der Trampeltiere entlang, bis wir auf der linken Seite auf die asiatischen Antilopen stoßen. Besonders die Hirschziegenantilope mit ihren korkenzieherartig geformten Hörnern ist eine elegante Erscheinung, die rindergroße Nilgauantilope kann es in dieser Hinsicht nicht mit ihr aufnehmen.

Was folgt, steigt einem bereits jetzt in die Nase und ist im Berliner Stadtgebiet schon beinahe eine Plage: Wildschweine! Schon seit der Anfangszeit des Tiergartens dürfen sie hier ohne zeternde Vorgartenbesitzer wühlen und graben, dass es nur so seine Art hat. Neben unseren europäischen Wildschweinen suhlen sich hier auch die amerikanischen Halsbandpekaris. Bitte schauen Sie sich die europäischen Wildschweine genau an, achten Sie dabei besonders auf die gewaltigen Hauer, vielleicht vermeiden Sie dann bei der Begegnung in freier Wildbahn den Fehler, den viele Städter machen: die Tiere zu unterschätzen.

In Berlin wurden 2010 drei Menschen von einem Wildschwein gebissen, nur kurz zuvor ließ ein Berliner Jäger in den brandenburgischen Wäldern sein Leben. Ein einziger Hieb mit den Hauern drang durch bis zur Schlagader im Oberschenkel, der Mann verblutete in Minuten. Erzählen Sie es auch Ihren Kindern. Wildschweine nicht streicheln, auch nicht die niedlichen gestreiften Kleinen, die haben nämlich alle eine Mutti, die dann stinksauer um die nächste Ecke kommen kann. Auch mancher Hauptstadthund hauchte schon sein Leben aus, weil er ohne Leine durch den Wald tobte und mit einem Wildschwein Freundschaft schließen wollte. Wildschweine leben zwar sehr gesellig, suchen sich aber selbst aus, mit wem sie ihre Zeit verbringen wollen.

Langsam ist dieser Geruch zu penetrant, also weiter, vorbei an noch mehr Kranichen, dem Schuhschnabel und den Marabus zu den Weißhandgibbons. Noch eines der seltenen monogamen Säugetiere, das hier auf einer Insel mit herrlichen Klettergerüsten aus Bambus lebt. Weil der so schön biegsam ist, können die Gibbons hier ihre Kunst als Schwingkletterer hervorragend vorführen. Im Tierpark werden sie seit 1962 gehalten, seitdem gab es allerdings erst dreimal Nachwuchs, 1973, 1974 und zuletzt 2009. Es scheint eine schwierige Sache zu sein mit der Monogamie, wenn es klappt, ist es aber sehr idyllisch. Die Paare unterhalten sich in

Der Schein trügt nicht: Weißhandgibbons sind monogam und lieben die Zweisamkeit.

einer Art Gesang, der besonders oft am Morgen zu hören ist.
Ebenfalls auf einem Inselparadies wohnen einige Schritte weiter die Kattas, eine Lemurenart aus Madagaskar. Sie haben einen langen, zebraartig gestreiften Schwanz und ein schwarz-weißes Gesicht, fast wie Waschbären. Kattas sind außerordentlich gesprächig, 28 unterschiedliche Lautäußerungen sind von ihnen bekannt. Aber wir wollen ja heute keine Fremdsprachen mehr lernen, außerdem wird die Gruppe von einem dominanten Weibchen geführt, die sind nicht jedermanns Sache. Aber einen Moment noch, liebe Männer. Die Katta-Männchen pflegen ein Ritual, das zumindest die Unterart des Homo sapiens vom Typ Al Bundy brennend interessieren dürfte: Um ihre eigene Hackordnung festzulegen, tragen sie Stinkwettbewerbe aus. Dafür tränken sie ihre geringelten Schwänze mit dem Sekret ihrer Armdrüsen und wedeln damit in Richtung des Gegners. Der größte Stinker gewinnt und darf dann bevorzugt an die Weibchen und das Fressen ran! Es hat sich doch gelohnt, dass wir länger geblieben sind.
Links vor uns tummeln sich die Przewalskipferde, die sich hier zum Wohle ihrer freilebenden Artgenossen fortpflanzen, weiter rechts tun es ihnen die Davidshirsche aus China gleich. In ihrer Heimat China wurden die letzten fünf lebenden

Der Tierpark ist auch ein Blütentraum.

Exemplare während der Boxeraufstände verspeist, sie konnten nur in Zoos überleben.
Wir gehen bis an das Ende des Weges und biegen dann links ab, vorbei an den Schneeziegen und kommen zu den Japanmakaken. In ihrer Heimat dringen die neugierigen und lernfähigen Tiere sogar in die Großstädte vor, im Tierpark steht zwischen ihnen und solchen Ambitionen eine große Felswand und ein Rundgehege mit Plexiglasaussparungen, das störungsfreie Beobachtungen des fröhlichen Affenverbandes erlaubt. In diesem alten Teil des Tierparks finden wir außerdem den Karl-Förster-Garten, im Frühjahr und Sommer ein Blütenrausch, die Tierparkschule und die Fasanerie, in der eine Vielzahl von Hühnervögeln gezüchtet wird, zu denen der Fasan nämlich gehört.
Vor uns sehen wir jetzt übrigens schon das Schloss, vorbei an vier großen Papageien-Volieren gehen wir direkt darauf zu. Auf den Grünanlagen davor treffen wir, zumindest in den Sommermonaten, auf alte Bekannte: die Pelikane, die es sich an den Wassergräben gut gehen lassen. Wenn da nur nicht die wilden Kormorane wären, die ihnen ständig den Fisch abjagen wollen. Seit 2002 haben die Pelikane in allerbester Lage, gleich hinter dem Schloss, ihr Winterhaus, in das man durch eine Glasscheibe einen Blick werfen kann.
Rechts davon ist auch das neue Winterhaus der Riesenschildkröten, die wir schon bei ihrem anstrengenden Paarungsakt beobachtet haben. Noch weiter rechts liegt das Krokodil-Haus, unser nächstes Ziel. Wie schon im Alfred-Brehm-Haus gibt's auch hier für Vogelfreunde eigentlich nur eine Sensation: Vögel!
Bald geht es zu den Echsen, aber vorher noch ein Wort: Südamerika! Da kommen die Vögel her, und schauen Sie nur: ein Pompadourkotinga! Schnurrvögel! Bleiben Sie wenigstens noch so lange, bis die Kamera von der Luftfeuchtigkeit nicht mehr beschlagen ist, und genießen sie diese fliegenden Farbwunder. Und wem es zu hektisch ist: Unten in den Gehegen, man wandelt hier nämlich auf einer Galerie, gibt's zur Beruhigung der flatternden Nerven keine Krokodile, sondern Schildkröten, die sich im warmen Sand oder Wasser aalen. Eine Besonderheit ist die Seychellen-Riesenschildkröte.
Im zweiten Abteil des Hauses geht die Faulenzerei fröhlich weiter. Ob Hechtalligator (aus Amerika) oder China-Alligator: Meistens passiert gar nichts, sie verändern nur ein wenig ihre Lage, um noch komfortabler zu liegen. Besonders den Hechtalligator kennt man in freier Wildbahn auch ganz anders. Der stürzt sich in hoher Geschwindigkeit und tödlicher Mission auch mal auf kleine Motorboote und verschlingt gelegentlich einen Menschen. Die China-Alligatoren dagegen gelten als ungefährlich, sie werden auch nur halb so groß.
Aus Südamerika kommen die Brillenkaimane, sie sollen bis zu 100 Jahre alt werden. Und dann gibt es noch Stumpf-

krokodile aus Afrika, eine bis zu zwei Meter große stark bepanzerte Art, die im Tierpark sogar schon ein befruchtetes Gehege hatte.
Zähnestarrender Repräsentant der asiatischen Krokodile ist schließlich der Sunda-Gavial, der vom Schwanzende bis zur spitzen Schnauze fünf Meter lang werden kann. Von dieser stattlichen Größe sind die Tierpark-Vertreter noch weit entfernt, wir werden das aber verfolgen.
Gleich neben dem Krokodilhaus liegt die Schlangenfarm, sie stammt aus dem Jahr 1956, zu DDR-Zeiten wurden hier die Giftschlangen zur Herstellung von Gegengiften sogar »gemolken«. Nach der Wende sollte das Haus, weil es seine besten Zeiten scheinbar hinter sich hatte, geschlossen und die Bewohner sollten auf verschiedene Zoos verteilt werden. Die Rechnung wurde ohne die Berliner gemacht, die ihre Schlangen zur Überraschung der Plattmacher richtig ins Herz geschlossen hatten. Es gab heftige Proteste und, angeführt von der Gemeinschaft der Förderer des Tierparks, Spendenaktionen aus der Bevölkerung. Die Schlangenfarm konnte 1994 umfangreich saniert werden. Vor dem Haus sind mehrere Gehege für Landschildkröten, im Haus werden am und im Wasser lebende Arten gezeigt.
Schildkröten können nicht nur sehr alt werden (über 100 Jahre sind keine Seltenheit, 200 sind aber auch möglich), sie sind auch als Art uralt. Schon lange vor den Dinosauriern schleppten sie sich durch die Evolution, die ersten tauchten vor 250 Millionen Jahren auf. Genügend Zeit also, um 313 verschiedene Arten hervorzubringen.
Besonders interessant ist die Dosenschildkröte, die durch ein Scharnier ihren Panzer einfach zuklappen und die böse Welt draußen lassen kann. Das Tier ist Vorbild für die Schildkrötenformation der römischen Legionäre, die es nicht nur bei Asterix, sondern tatsächlich gab. Bemerkenswert ist auch die Spaltenschildkröte, die im Evolutions-Tuning einfach tiefer gelegt wurde. Sie ist extrem flach gebaut und passt hervorragend in Felsritzen.
Man soll Tiere ja nicht mit unseren Maßstäben messen, aber wie soll man es sonst ausdrücken: Geradezu unfassbar hässlich ist die Fransenschildkröte, die so aussieht, als ob man einen Klumpen Matsch verquirlt, ihn getrocknet, dann wieder angefeuchtet, grob in Schildkrötenform gebracht, alles zusammengequetscht und dann einfach mittendrin aufgehört hätte. So legt sich das seltsame Wesen bestens getarnt im Süßwasser auf die Lauer und saugt dann seine Beute (kleine Fischchen) am Stück ein. Wenn Sie im Tierpark ein Lebewesen finden, das noch grotesker aussieht, möchten wir das wissen. Der Kofferfisch aus dem großen Aquarium in der Cafeteria läuft dabei außer Konkurrenz, weil er auf seine Art schon wieder drollig ist.
Aber wollten wir nicht eigentlich zu den Schlangen? Gleich, zur Einstimmung auf die Gift-Orgie schauen wir uns noch kurz die Skorpions-Krustenechse an.

Putzkollektiv bei der Arbeit

Der Name ist Programm. Sie hat einen langen Schwanz und wirkt auch krustig. Als eine von ganz wenigen Echsen ist sie giftig, aber wie sie ihr Gift verabreicht, sollte erwähnt werden. Es wird durch Kaubewegungen liebevoll in den Körper des Opfers einmassiert.

Jetzt aber die Schlangen. Zur Behandlung unserer Phobien hat der Tierpark extra ein Schild aufgehängt, auf dem uns versichert wird, dass viel mehr Menschen an Bienen- oder Wespenstichen als an Schlangenbissen sterben. Aber warum – außer bei den Elefanten – sich nur noch bei den Schlangen die Pfleger immer nur zu zweit an die Arbeit machen, das steht nicht auf dem Schild.

Dafür sind die kleinen Hinweisschilder an den Terrarien erfrischend ehrlich. Bei der Texas-Klapperschlange stehen da zum Beispiel die aufmunternden vier Worte »äußerst angriffslustig, hoch giftig«. Und weil die Texas-Klapperschlange mit ihrer Länge von bis zu zwei Metern zu den großen Klapperschlangen gehört, verteilt sie auch eine entsprechend große Giftportion. Man muss nicht unbedingt daran sterben – aber es ist nicht unwahrscheinlich. Wenn sie rasselt, folgt meist auch schon der Biss.

Wenn ich groß bin, … bin ich immer noch eine Schildkröte.

Auch die Grüne Mamba fackelt nicht lange, wenn sie sich bedroht fühlt. Meistens hängt sie aber wie ein schlaffer Gartenschlauch zusammengeringelt im Ast. Prominentestes Todesopfer einer Giftschlange ist der Überlieferung nach übrigens Kleopatra, und im Tierpark kann man das kooperative Tier, das ihr bei ihrem Freitod so zuverlässig half, eingehend studieren: die Ägyptische Kobra. Deutlich weniger charmant ist die Speikobra. Sie spuckt zur Verteidigung ihr Gift mit Vorliebe und hoher Treffgenauigkeit ins Auge des Gegners. Das ist das letzte, was der dann sieht. Auf der Jagd kann die Speikobra aber auch giftig zubeißen.

Zu den Kobras gehört auch die ebenfalls in der Schlangenfarm lebende Brillenschlange, Attraktion bei den indischen Schlangenbeschwörern, heilig für viele Buddhisten.

Dann gibt es noch elf Arten von Grubenottern, zu deren Familie auch die Klapperschlange gehört. Das Beutetier kann bei einer Begegnung noch so cool bleiben – die Grubenottern registrieren mit ihren Wärmesensoren in den namensgebenden Gruben zwischen Nasenlöchern und Augen bereits Temperaturschwan-

kungen der Umgebung von 0,003 Grad. Besonders stattliche Exemplare aus dieser Gruppe zeigt der Tierpark mit seinen Puffottern.
Ein Tier lässt der ganze Giftgrusel ziemlich kalt. Die selbst ungiftige Königsnatter aus Amerika ist immun gegen die Gifte der in ihrer Umgebung lebenden Schlangen und verspeist diese in aller Seelenruhe, selbst wenn sie dabei mehrere Bisse abbekommt. Ungiftig sind auch die Riesenschlangen, die der Tierpark zeigt, darunter die schön gefärbte Blutphython. Regelmäßige Zuchterfolge gibt es bei den Regenbogenboas.
Dann gibt es noch Terrarien für Tiere mit lustigen Namen. Das war zwar für den Tierpark kein Sammelgrund, hinter allem steht hier die seriöse Wissenschaft und die Ergänzung der Arten-Systematik, aber wir müssen ja nicht alles mitmachen. Wir freuen uns also über den Tomatenfrosch, der auch wirklich haargenau so aussieht, wie er heißt und die Kolumbianische Schwimmwühle aus der Familie der Blindwühle, ab heute vielleicht unser neues Lieblingsschimpfwort für Leute, die ständig alles verlegen und deshalb immerzu herumkramen. Du Blindwühle! Der so Titulierte weiß wahrscheinlich nicht einmal, wie uninspiriert regenwurmartig sein neuer Namenspate aussieht. Auch das schwerste Kreuzworträtsel knacken wir in Zukunft mit dem Axolotl, einem Schwanzlurch der aussieht wie eine Kaulquappe, die vergessen hat, das Wachstum einzustellen, und tatsächlich ist es auch so. Ein angeborener Schilddrüseneffekt führt bei den meisten ihrer Art dazu, dass sie als Larve einfach ewig weiter wachsen und ihre Metamorphose verpassen, sie werden so bis zu 40 Zentimeter groß. Für immer jung!
Dabei hilft dem Axolotl auch noch seine erstaunliche Fähigkeit, Gliedmaßen und Organe, sogar Teile des Herzens und des Gehirns, im Bedarfsfall nachwachsen zu lassen. Kein Wunder, dass sich auch die medizinische Forschung ernsthaft mit diesem Tier und seinen erstaunlichen Fähigkeiten beschäftigt. Da hat man es als Axolotl im Tierpark auf jeden Fall deutlich besser.
Ähnlich wie Axolotl und Co. sind die Gespensterheuschrecke, die Kraushaarvogelspinne und der Schmuckhornfrosch, dessen Warzengebilde am Kopf nur von wohlmeinenden Namensgebern als Schmuckhorn bezeichnet werden konnte, wahrlich keine Schönheiten.
Wenn wir jetzt das Haus verlassen, wird es aber wieder putzig. Wir gehen vorbei am Winterhaus der Riesenschildkröten, biegen dann rechts auf den Hauptweg und erreichen das ehemalige Menschenaffen-Haus, in dem heute die Malaienbären wohnen, mittlerweile übrigens schon, dank erfolgreicher Vermehrung, in der dritten Generation. »Evi«, das von Professor Dathe aufgezogene und berühmteste Exemplar, haben wir ja schon ausführlich vorgestellt.
Jetzt fehlt noch ein Postkartenspaziergang auf dem Hauptweg, der schnurgerade vom Schloss zum Terrassencafé führt. Eine tolle Sichtachse, mit jedem

Malaienbär beim Schönheitsschlaf

Schritt ändert sich die Perspektive aufs Schloss. Rechts und links des Weges sind Hirsche zu sehen, alle möglichen Arten – unser europäischer Rothirsch, der Vietnam-Sikahirsch, das gewaltige Wapiti aus Nordamerika, das Zwergwapiti und der äußerst seltene Bucharahirsch. Man wüsste gerne, was aus den mächtigen Geweihen wird, die hier jedes Jahr abgeworfen werden, aber dieses Wissen hütet die Tierpark-Leitung wie ein Staatsgeheimnis. Ein Gerücht allerdings besagt, dass damit besonders treue Förderer des Tierparks überrascht werden. Verdient haben Sie es auf jeden Fall, und auf so nette Weise lässt man sich ja gerne Hörner aufsetzen.

Am Ende unseres Weges könnten Sie jetzt rechts abbiegen und zum Ausgang am Bärenschaufenster gehen, wir haben ja schließlich eine Menge gesehen. Aber wollen Sie wirklich das dicke Ende verpassen? Da ist doch noch das Dickhäuterhaus! Die Elefanten, von Anfang an die großen Stars im Tierpark. Und das nicht nur, weil sie wirklich die Größten sind und bis zu sechs Tonnen auf die Waage bringen. Machen wir doch eine kurze Pause im Terrassencafé, und dann gehen wir dieses Kapitel in aller Ruhe an.

Mama mampft, damit der Mini
genug Milch bekommt.

IM KUHSTALL WIRD GERÜSSELT

Alles begann in einem alten Kuhstall. Als nach dem Krieg der letzte Schlossbesitzer aus der Familie derer von Treskow mit der Schubkarre aus dem Schloss befördert wurde, war die letzte Fuhre Mist schon lange aus dem Kuhstall des Adelsgeschlechts gekarrt worden. Bereits 1955, im Eröffnungsjahr des Tierparks, landeten hier die beiden ersten Elefanten, zwei junge Damen aus Asien. Warum eine ausgerechnet Bambi genannt wurde, ist heute nicht mehr zu rekonstruieren. Fotos von damals zeigen aber, dass es keine äußerliche Ähnlichkeit mit dem zartgliedrigen Rehlein sein konnte. Allenfalls die Augen und die langen Wimpern.

Ein Jahr später durfte ein Elefantenbulle dann die zwei Damen berüsseln, aber so wie sein Namenspate »Hannibal« nie bis nach Rom kann, so erreichte der arme Bulle nie sein Ziel.

1957 gab's dann aber doch einen Minifanten. Das Elefantenbaby Kosko war ein Geschenk des vietnamesischen Präsidenten Ho Chi Minh. Die Tierpark-Besucher flippten regelrecht aus vor Entzücken. Anders als heute hatten die Verantwortlichen keine Bedenken, die Berliner »ihre« Elefanten hautnah kennenlernen zu lassen. Ganze Kinderhorden durften mit Kosko durch den Park toben und sie zum Baden begleiten. Im Wassergraben der Wisente waren sie immer willkommen, sie konnten es in ihrer Ungeduld kaum erwarten. Was war das dann für ein Prusten und Platschen und Herummatschen. Es war herrlich. Auf einem Elefanten reiten? Damals auch kein Problem.

Wer jemals die Gelegenheit hatte, einem kleinen Elefanten so nahe zu kommen, vergisst das nie wieder. Diese unglaubliche Neugier! Dieser warme, vorwitzige Rüssel, den die Minifanten nie im Zaum halten können. Sicher, Nachwuchs ist immer niedlich. Aber kleine Elefanten sind die freundlichsten Wesen der Welt. Kosko lockte die Menschen in Massen in den Tierpark. Und es sollte leider viel zu lange dauern, bis Berlin wieder so einen Mini-Rüssel zu sehen bekam.

1987 kam dann eine Gruppe Afrikanische Elefanten in den Tierpark, der Bulle Tembo sollte sein Glück mit Saba und Tibi probieren.

Aber es war wie verhext. Funkstille in Asien, Fehlzündung in Afrika. Das konnte doch nicht wahr sein. Da hatte der Tierpark doch schon ganz anderen Zeugungsversagern auf die Sprünge geholfen. Und deshalb hieß es jetzt nicht mehr kleckern, sondern klotzen! Kuhstall war mal, ein neues Elefantenhaus

Elefanten-Baby Horas (geboren 2005) rüsselt richtig los!

Blick auf das große Freigehege

musste her, natürlich mit großen Außengehegen, denn frische Luft macht müde Bullen munter.
Das Haus wurde ein Stein gewordenes Ausrufezeichen! Unerschütterlich und kraftvoll steht es in der Tierparklandschaft und verkündet durch seine Architektur auf den ersten Blick, was es ist: ein Dickhäuter-Haus! 6000 Quadratmeter umfasst das Gebäude, die Freiflächen sind noch einmal doppelt so groß.
Wenige Wochen vor dem Mauerfall, am 29. September 1989, fand die Eröffnung satt. Es war das letzte DDR-Projekt, das die Menschen wirklich begeisterte.
Aber es klappte immer noch nicht!
Es wurde sogar noch schlimmer. Im großartigen neuen Elefantenhaus herrschte bald große Trauer. 1990 stürzte Dombo, die zusammen mit Bambi in den Tierpark gekommen war, in den Begrenzungsgraben und verletzte sich so schwer, dass sie starb. Und dann auch noch Kosko! Das Baby, das einst die Berliner verzückt hatte, war inzwischen 38 Jahre alt. Viele Besucher, die damals selbst noch Kinder waren, hatten sie immer wieder besucht, später mit ihren eigenen Kindern. Überhaupt trifft man gerade an Elefantengehegen oft Menschen, die »ihrem« Tier über Jahrzehnte die Treue halten und seine Entwicklung voller Liebe verfolgen. Kosko brach sich 1994 bei einer eigentlich harmlosen Rangelei mehrere Schwanzwirbel und musste operiert werden. Unter der Narkose brach ihr Kreislauf zusammen. Sie starb.
1998 war das absolute Katastrophenjahr, nachdem es mit viel Hoffnung begonnen hatte – zwei Elefantendamen waren schwanger. Erschütternder Ausgang: Zwei tote Elefantenbabys. Warum die Kleinen es nicht schafften, konnte nie geklärt werden.
Tierfreunde begannen schon am Sinn der Elefantenhaltung zu zweifeln, Debatten über die Haltungsbedingungen begannen, der Tierpark sah sich heftiger Kritik ausgesetzt, die bis heute nicht gänzlich verstummt ist. Es waren schwere Zeiten. Aber manchmal ändert ein Baby alles. Am 15. Januar 1999 war es so weit: Bibi brachte die kleine Matibi zur Welt, und ganz Berlin schlackerte mit den Ohren! Was war das für ein Wonneproppen! Ein Rüsselracker vom Allerfeinsten, 100 Kilo Drolligkeit. Aber es kam noch dicker! Am 9. April, nur knapp vier Monate später, erfolgte die nächste Elefantengeburt, das zweite Kind von Tembo, jetzt mit Elefantendame Sabah. Tutume war nach der Geburt noch zu klein, um an die Zitzen seiner Mutter zu kommen. Er musste zum Trinken immer auf eine Obstkiste oder Holzpalette klettern.
Bald war Berlin in zwei Lager geteilt, die ständig in Bewegung waren. An einem Tag liefen viele zur anderen Fraktion über, überlegten es sich dann wieder anders, kehrten reumütig zurück, nur um dann doch wieder ins Zweifeln zu kommen. Wer war süßer, Matibi oder Tutume? Es konnte nie restlos geklärt werden.
Am 4. Mai 2001 der dritte Streich, wieder bei den Afrikanern, wieder war Tembo

der Vater, jetzt schon mit der dritten Frau. Aber in Berlin sind solche Patchwork-Familien nichts Besonderes. Und wie antwortete doch Franz Beckenbauer Kritikern, die sich daran störten, dass er mit verschiedenen Frauen Kindern zeugte: »Der liebe Gott liebt alle Kinder.« Das muss man nicht glauben, aber eines stimmt auf jeden Fall: Die Berliner lieben alle Elefantenkinder. Und so konnte sich auch die kleine Tana nicht über mangelnden Besuch beklagen. Ihre Babyhaut schimmerte in einem noch zarteren Rosa als die von Matibi und Tutume, aber wir wollen hier niemanden beeinflussen und nur ganz sachlich und neutral die Information geben, dass auch ihr Haarflaum besonders flauschig aussah und dass ihr Rüsselchen immer so knuddelig wackelte und sie erst gar nicht wusste, wofür der überhaupt da war ...

Reicher Kindersegen also bei den Afrikanern. Und was machten die Asiaten? Immerhin sind Schwangerschaften angeblich ansteckend. Kurz gesagt: Auch die Asiatischen Elefanten waren plötzlich ganz scharf auf Mutterglück, am 2. November 2001 war es zum ersten Mal so weit, Temi purzelte auf die Welt.

2005 dann der absolute Baby-Hammer: Innerhalb von vier Monaten gleich drei Minifanten bei den Asiaten. Alle drei konnten schon bald in die Herde integriert werden. Das war ein richtiger Rüssel-Kindergarten. Gemeinsam lernten die drei kleine Kunststücke, sie spielten zusammen, und die großen Elefantinnen passten gemeinsam auf den Nachwuchs auf. Daran beteiligen sich bei Elefanten in der Natur auch die Tiere, die selbst noch keine Nachkommen haben. Sie lernen für später, und so lief es auch im Tierpark.

Gibt's bei Tieren auch Gebärneid? Man könnte es fast glauben, denn Elefantenbulle Tembo schien eines Tages ganz versessen darauf zu sein, selbst mit einem riesigen Kugelbauch durch die Gegend zu laufen. Denn wie sonst lässt sich erklären, dass er sich in einem unbeobachteten Moment eine ganze Schubkarre voller Zwiebeln schmecken ließ. Das Ergebnis war eine monumentale Scheinschwangerschaft, der ganze Kerl war völlig aufgebläht. Die Pfleger fürchteten, dass er platzen könnte. Was würde passieren, wenn der gewaltige Druck entwich?

Es war beinahe so etwas wie Ehrfurcht, was sich dann gemeinsam mit den urzeitlichen Geräuschen und dem wilden Duft verbreitete. So etwas hatte die Welt bis dahin noch nicht gehört, es war ein Pups für die Geschichte, es waren männliche Winde, die beinahe Wehen glichen, es war, Verzeihung, die Mutter aller Fürze. Tembo überstand alles heil und besann sich danach wieder auf seine Identität als Mann und das, was er am besten kann: kleine Elefanten machen.

Es ist ein Glück, dass die Pfleger ihren Job so gut verstehen, denn ohne sie hätte es bei der nächsten Elefanten-Geburt 2006 womöglich eine Tragödie gegeben: Der kleine Kariba erlitt nämlich unmittelbar nach der Geburt einen Herzstillstand. Die Pfleger retteten ihn mit einer Herz-

Hoppla! Kendo landet im Graben, zum Glück ist nichts passiert (2009)

massage, was bei einem Elefantenbaby Schwerstarbeit ist. Es hat sich gelohnt, Kariba geht es heute bestens.
Völlig anders lief es 2007 bei Kando: Der kam bei laufendem Betrieb und vor begeistertem Publikum zur Welt und war von der ersten Sekunde an so unternehmungslustig, dass er sich gleich im Wassergraben vergnügte. Da man so ein Verhalten bisher bei Elefanten noch nicht beobachtet hatte, war die Angst bei den Pflegern groß. Schließlich wusste niemand, ob Mini-Elefanten überhaupt schwimmen können. Sie sind ja doch ganz schwere Brocken. Aber sie können es.

So wurde die Geschichte des Elefantenhauses doch noch zu einer bemerkenswerten Erfolgsstory. Inzwischen haben sich dort auch die Panzernashörner mit dem Klapperstorch angefreundet.
Man darf gespannt sein, ob es nun bei den Seekühen auch irgendwann schnackelt. Immerhin wohnen diese urigen Verwandten der Elefanten in ihrem 200000-Liter-Becken mitten im Dickhäuterhaus, und das auch schon seit 1994. Da könnte der Funke doch wohl langsam überspringen! Und Wassergeburten sind schließlich nach wie vor in Mode

Die Elefanten-Kita beim Ausflug

Wir sind am Ende angelangt. Zumindest am Ende dieses ersten zaghaften Ausflugs. Denn mehr kann, mehr soll dieses Buch auch nicht sein. Schon vergessen? 10000 Tiere in rund 1000 Arten! So viel Leben kann man nicht zwischen zwei Buchdeckel pressen. Schon die erstaunlichen Fähigkeiten einer Stubenfliege füllen dicke Bände, und dabei fängt die Wissenschaft gerade erst an, sie auch nur im Ansatz zu verstehen. Alleine wie die Biester es schaffen, sich überhaupt in die Luft zu erheben, ist ein einziges Wunder.

nur noch ein Schritt zur Freude – über die Fülle des Lebens und die kuriosen Wege, die es nimmt.

Wenn Sie dann mehr erfahren wollen, machen Sie einfach bei den Sonderführungen des Tierparks mit, es gibt sie zu allen möglichen Themen. Wenn Sie selbst etwas tun wollen, übernehmen Sie eine Tierpatenschaft.

Das Leben lebt einfach gerne. Wir vergessen das zu oft. Aber wenn wir es sehen, spüren wir es wieder. Und wenn wir es in dieser Fülle sehen, erst recht. Warum sonst lieben die Menschen den Anblick

DRAUSSEN TOBT DAS LEBEN

Wir entlassen Sie jetzt nicht mit dem liebevollen und abgedroschenen Hinweis, sich doch bitte ab sofort von der Faszination des Alltags zum Beispiel in Form von Stubenfliegen fesseln zu lassen. Das ist zwar ein spannendes Feld, der Sohn von Professor Dathe beispielsweise ist absoluter Experte für Hautflügler und kümmert sich im Tierpark um sie. Doch die meisten Menschen versenken sich nur selten in die Betrachtung des Alltäglichen.

Um in den Genuss alltäglicher Besonderheiten zu kommen, reicht es, wenn man sich dazu aufrafft, eine Eintrittskarte für den Tierpark zu kaufen. Oder, noch besser, eine Jahreskarte! Sie erwerben damit die Lizenz zum Staunen. Von dort ist es

von Tierbabys? Warum freuen wir uns, wenn sich ein Elefant mit seinem Rüssel duscht, ein Känguru hüpft, ein Kücken schlüpft? Wir sehen dann das reine Leben. Philosophen können es sich vielleicht erdenken, Mathematiker erkennen es vielleicht in ihren Zahlen. Die meisten Menschen aber brauchen die Anschauung, die ein Ort wie der Tierpark bietet. Und wenn es nur die frische Luft ist, die einen so schön hungrig macht – allemal besser, als appetit- und lustlos an seinem Leben herumzukauen wie an einem alten Knochen.

Nichts im Leben ist perfekt, auch nicht dieses Buch. Vieles wurde in einer für Experten sträflichen Weise vereinfacht, wofür der Autor um Nachsicht bittet. Wie eine Blindwühle – so dürfen ihn die Fachleute auch gerne schimpfen – strudelte er durchs weite Meer des Wissens und schnappte nach den leckersten Happen. Aber das Buch sollte ja auch Appetit auf eigene Abenteuer machen. Unendlich hilfreich dabei war eine wunderbare Tierfreundin und großartige Autorin, auf deren humorvollen Reportagen im Berliner Kurier die wichtigsten

DANKSAGUNG

Passagen dieses Buches beruhen. Susanne Kröck starb völlig überraschend, als dieses Projekt Gestalt annahm. Sie fehlte als Expertin und Mensch an allen Ecken und auf vielen Seiten. Sie hat den Tierpark geliebt und deshalb ist ihr dieses Buch gewidmet, auch wenn es ihrem beeindruckenden Wissen und ihrer Liebe zum Detail nicht gerecht werden kann.
Dank sagt der Autor an dieser Stelle auch noch allen Menschen, die ihn die Liebe zur Natur gelehrt haben, in erster Linie natürlich seiner Familie.
Entschuldigen möchte er sich bei allen Tieren, denen er in irgendeiner Weise zu nahe trat. Er weiß, dass niemand etwas für sein Äußeres kann. Aber manche sehen einfach zu komisch aus.

Ende eines Tages voller Abenteuer. Bis zum nächsten Mal!

BÄRENSCHAUFENSTE

Zieh, Ziege, zieh!

Vom Plattenbau zum Bärenschaufenster
ist es nur ein Katzensprung. Also nichts wie hin!

Wer wird denn gleich so schwarz sehen?

BILDNACHWEIS

Aus dem Archiv des Berliner Verlags, ohne dessen Unterstützung dieses Buch nicht hätte entstehen können: Gerhard Buddich (86; 98; 107; 115; 132), Gerd Engelsmann (157; 190/191), Joachim Fieguth (163), Fielsig (189), Golka (94), Sabine Gudath (20), Manfred Hahn (101; 139), Hedemann (43; 73), Reinhard Kaufhold (149; 178 oben), Karsten Keikus (28), Krause (93), Günter Krawutschke (188), Max Lautenschläger (154), Löber (34/35; 45), Martin (62), Mielast-Bade (16), Jürgen Mladek (181), Neumann (68), Lotti Ortner (109), PEMÜ (26; 32; 37; 123), Puhlmann (91), Rudloff (82), Josef Schmidt (11; 20; 25; 76/77), Wolfgang Schröder (71; 108/109), Schulze (18), Vera Stark (49; 178 unten), Andreas Teich (84), Thomas Uhlemann (175), Wolf Ulm (8/9; 12; 50; 52; 56; 60; 66; 74; 78; 80; 93; 103; 104; 114; 117; 118; 120; 125; 130; 138; 143; 147; 150; 151; 152/153; 159; 160; 162; 170; 172; 176; 182/183; 184; 207; Rückseite), H. Zimmer (6/7; 72; 108/109; Rückseite)

Außerdem:
Robert Allertz (15), dpa: Ronald Wittek (140), dpa-Zentralbild: Jan-Peter Kasper (54/55), Bernd Settnik (88; 164), Julia Perkuhn (38; 69; 87; 119)

Leider konnten nicht in allen Fällen die Rechteinhaber ermittelt werden.
Berechtigte Honoraransprüche bleiben gewahrt.

ISBN 978-3-360-01987-5

1. Auflage

Umschlaggestaltung: Buchgut Berlin und Verlag
unter Verwendung eines Motivs von picture-alliance/dpa/dpaweb
Druck und Bindung: Salzland Druck, Staßfurt

Ein Verlagsverzeichnis schicken wir Ihnen gern:
Eulenspiegel · Das Neue Berlin Verlagsgesellschaft mbH & Co. KG
Neue Grünstr. 18, 10179 Berlin
Tel. 01805/30 99 99 (0,14 €/Min. max. 0,42 Euro/Min.)

Die Bücher des Verlags Das Neue Berlin erscheinen
in der Eulenspiegel Verlagsgruppe.

www.das-neue-berlin.de